TRAITÉ

DE

PERSPECTIVE-RELIEF

PAR

M. POUDRA

OFFICIER SUPÉRIEUR D'ÉTAT-MAJOR,

Ancien professeur à l'École d'État-Major, ancien Élève de l'École Polytechnique.

(AVEC ATLAS).

PARIS

LIBRAIRIE MILITAIRE, MARITIME ET POLYTECHNIQUE

J. CORRÉARD,

Libraire-éditeur, et libraire-commissionnaire,

RUE SAINT-ANDRÉ-DES-ARTS, 58.

1860

MÉTHODE

POUR

TIRER LES BOMBES

AVEC SUCCÈS,

Par M. DE RESSONS.

(…oires de l'Académie royale des Sciences pour l'année 1716.)

PARIS,

J. CORRÉARD, ÉDITEUR D'OUVRAGES MILITAIRES,

Rue de l'Est, 9.

J. DUMAINE, neveu et successeur de G. Laguionie, rue Dauphine, 36.

B. BEHR, à Berlin.
JOSEPH BOCCA, à Turin.
J. ISSAKOFF, libraire-éditeur, Commissionnaire officiel de toutes les Bibliothèques des régiments de la garde Impériale, à St-Pétersbourg.
H. BAILLIÈRE, 219, Regent-Street, à Londres.
DOORMAN, à La Haye.
MICHELSEN, à Leipzig.
Casimir MONIER, à Madrid.

1846.

TRAITÉ

DE

PERSPECTIVE-RELIEF.

ERRATA.

Page 38, ligne 9, au lieu de et, *lisez* : est.
— 108, — 15, au lieu de serre, *lisez* : sera.
— 109, — 21, au lieu de construction, *lisez* : contraction.
— 110, — 3, *même correction.*
— 162, — 16, au lieu de Vassais, *lisez* : Vassuls.
— 206, — 15, au lieu de le Cintre, *lisez* : le centre.
— 212, — 8, au lieu de celliers, *lisez* : allées.

PRÉFACE.

L'ouvrage que nous publions, composé il y a déjà quelques années, a été l'objet d'un rapport intéressant fait à l'Académie des sciences, dans sa séance du 12 décembre 1853, par M. Chasles (commissaires, MM. Poncelet et Chasles). Nous croyons utile de placer ce rapport en tête de ce travail auquel il servira d'introduction.

La perspective-relief est une extension de la perspective plane, ou mieux la perspective plane n'est qu'un cas particulier de la perspective-relief. Ainsi on verra que cette dernière s'applique à tous les arts d'imitation en général, tandis que la perspective plane ne convient qu'à la peinture et au dessin.

Cet ouvrage étant une nouvelle application de

la géométrie descriptive, s'adresse d'abord à tous ceux qui, comme nos officiers sortant des Écoles Polytechniques ou de Saint-Cyr, ont étudié cette science ; mais il est plus spécialement destiné cependant aux personnes qui s'occupent des arts d'imitation, telles que les sculpteurs de bas-relief, les peintres de décorations, théâtrales et autres, les constructeurs de dioramas et de panoramas. Enfin les architectes y trouveront les moyens que l'on peut employer pour modifier avantageusement l'apparence intérieure ou extérieure des édifices.

INSTITUT DE FRANCE.

ACADÉMIE DES SCIENCES.

EXTRAIT DES COMPTES-RENDUS DE L'ACADÉMIE DES SCIENCES, TOME XXXVII.

RAPPORT

Fait à l'Académie des Sciences, dans sa séance du 12 décembre 1853, sur un ouvrage intitulé : Traité de Perspective-relief, avec les applications à la construction des bas-reliefs, aux décorations théâtrales et à l'architecture ; *par* M. POUDRA, *ancien élève de l'École Polytechnique, officier supérieur en retraite au corps d'état-major ;*

PAR M. CHASLES (1).

L'auteur entend par *perspective-relief* la représentation d'un corps à trois dimensions, au moyen d'une autre figure également à trois dimensions, dont la construction dépend de certaines règles géométriques analogues aux règles de la perspec-

(1) Commissaires, MM. Poncelet et Chasles.

tive sur de simples surfaces planes, et qui, de
même, présente à l'œil une imitation fidèle.

Ce qui caractérise ce mode de déformation des
corps, c'est qu'elle est faite pour une position particulière et déterminée du spectateur, et que la
figure, qui doit produire une illusion parfaite, a
avec le modèle dont elle présentera l'apparence,
des relations de position et de forme qui satisfont
aux deux conditions suivantes : 1° les rayons visuels menés de l'œil du spectateur aux différents
points du modèle passent par les points correspondants du relief; 2° tous les points en ligne droite
dans le modèle se trouvent aussi en ligne droite
dans le relief, et, par suite, à des points du modèle
situés dans un même plan, correspondent des
points du relief situés aussi dans un même plan.

On peut exprimer ces conditions multiples par
une seule, en disant simplement qu'à toutes les
parties planes du modèle correspondent, dans le
relief, des parties également planes, lesquelles sont
les perspectives des premières sur autant de plans
différents et pour une même position de l'œil.

La détermination de ces plans divers, sur lesquels il suffira de faire de simples perspectives,

constitue les règles de ce mode de représentation des corps, appelé *perspective-relief*.

Mais, avant d'entrer dans les détails de cette théorie, nous sommes arrêtés par une question préliminaire qui se présente ici naturellement. Existe-t-il déjà, pour la construction des *bas-reliefs*, des règles géométriques qui servent à guider l'artiste dans sa composition, comme il en existe dans la peinture? Si de telles règles ne sont point observées dans la statuaire, y a-t-il lieu d'en prescrire, seront-elles admises ou ne seront-elles pas regardées comme incompatibles avec le but que l'on se propose dans le bas-relief, et contraires à l'indépendance que demande le génie de l'artiste?

Obligés d'aborder cette question, nous ne l'avons fait qu'avec une extrême défiance de nos lumières; car c'est à une autre Académie qu'il appartiendrait, dans cette circonstance, d'émettre un jugement. Aussi nous nous sommes bornés à interroger, sur ce point, l'histoire de l'art, pour nous renfermer aussitôt dans la partie géométrique qui forme l'objet principal du Mémoire soumis à notre examen.

Il nous faut rappeler brièvement, d'abord, ce qu'on entend par *bas-relief* et *ronde-bosse*. La ronde-bosse est l'imitation complète d'un objet

dans ses trois dimensions, conservées les mêmes
ou altérées toutes trois dans un même rapport :
en terme de géométrie, c'est une figure *semblable*
au modèle dont elle repropuit l'image exacte, en
quelque lieu que se place le spectateur. Ce genre
de sculpture convient spécialement pour la représentation d'un objet peu étendu, tel qu'un personnage : les *bustes* et les *statues* en sont l'application
la plus naturelle et la plus fréquente.

On appelle *bas-relief* une construction peu sail-
lante sur un fond plan ou courbe, destinée à représenter l'ensemble de plusieurs objets formant une
scène, qui peut occuper, en profondeur surtout,
une étendue plus ou moins grande. Les dimensions de cette scène peuvent se trouver singulière-
ment diminuées en profondeur dans le bas-relief;
et l'art du statuaire consiste à inspirer au spectateur, comme fait la peinture sur un simple tableau,
non-seulement le sentiment des formes particulières
des diverses parties de la scène, mais aussi le senti-
ment de leurs positions respectives et des distances
véritables des différents plans fuyants sur lesquels
elles se trouvent. Ce sont ces deux conditions réu-
nies qui produiront à l'œil et à l'esprit l'apparence
et l'image parfaite du sujet, tel qu'il existe réelle-

ment et naturellement ce qui est le but le plus élevé que puisse se proposer l'art du bas-relief.

On conçoit que les *décorations théâtrales*, bien qu'on y fasse usage de la peinture et de toutes ses ressources pour produire illusion à l'œil, rentrent essentiellement aussi dans l'art du bas-relief et dépendent des mêmes règles de construction, puisque la perspective s'y fait sur des plans différents et différemment espacés.

Il en est de même de l'architecture des grands édifices, où l'on a à déterminer, d'après ces règles, la disposition des diverses parties du monument, et les formes et proportions de ses ornements, tels que colonnes, statues, pendentifs, etc., eu égard à leur éloignement en profondeur et en hauteur.

La composition des jardins, l'une des branches de l'architecture où l'effet perspectif joue un rôle principal, emprunte encore ses principes à l'art du bas-relief.

Cette science des bas-reliefs n'est donc point circonscrite à l'art plastique proprement dit, et est susceptible, au contraire, d'applications variées et différentes, ayant toutes pour but essentiel l'imitation et l'illusion.

Ce devrait être une raison de nous faire espérer

de retrouver dans l'antiquité quelques traces des règles qui ont pu guider les artistes dans leurs compositions. Car on connaît le goût des Grecs et des Romains pour les temples et les théâtres, et l'on sait qu'ils avaient écrit sur la *scénographie*, qui devint un art particulier basé sur les principes de la perspective (1).

La perfection de leurs œuvres en ronde-bosse, attestée par les témoignages d'admiration que plusieurs historiens contemporains nous ont transmis et par les modèles qui nous en sont parvenus, serait encore une raison qui porterait à penser qu'ils ont dû cultiver aussi avec succès l'art du bas-relief.

Cependant leurs nombreux travaux dans ce

(1) « Démocrite entreprit, avec Anaxagoras, des recherches sur le plan perspectif et la disposition de la scène des théâtres, et ce fut lui surtout qui fit naître chez les artistes un esprit philosophique propre à les guider » (O. MULLER, *Manuel d'Archéologie*, § CVIII.) — « Namque primum Agatuarcus Athenis, Æschilo docente tragœdiam, scenam fecit, et de ea commentarium reliquit. Ex eo moniti Democritus et Anaxagoras de eadem re scripserunt, quemadmodum oporteat ad aciem oculorum radiorumque extensionem, certo loco centro constituto, ad lineas ratione naturali respondere; uti de incerta re imagines ædificiorum in scenarum picturis redderent speciem, et quæ in directis planisque frontibus sint figuratæ, alia prominentia esse videantur. (VITRUVE, lib. VII, præfatio.)

genre ne répondent pas à l'idée que nous avons donnée de la destination et du caractère des bas-reliefs envisagés dans leur plus grande perfection, et ont donné lieu, à cet égard, à de vives critiques. Hâtons-nous d'ajouter qu'ils ont eu aussi leurs défenseurs, et disons la cause du dissentiment qui a existé à ce sujet entre les juges compétents dans cette partie des arts d'imitation.

On doit se proposer, avons-nous dit, deux conditions essentielles dans la construction des bas-reliefs : de produire tout à la fois, par une illusion de la vue, une imitation fidèle des formes de toutes les parties du sujet, et le sentiment de leurs positions et de leurs distances naturelles (1). Or, parfois, ces deux conditions se gênent mutuellement ; la seconde surtout, relative aux positions des objets et à la dégradation de leurs distances en profondeur, peut causer de grandes difficultés ; et il résulte de là qu'on la sacrifie, en général, soit au désir de donner plus d'expression aux contours et aux formes des parties principales du sujet, soit

(1) « La perfection consiste à réunir deux choses : l'une est la ressemblance, et l'autre est la symétrie ou l'accord des proportions. » (EMERIC DAVID, *Recherches sur l'art statuaire;* page 133.)

au besoin de représenter un plus grand nombre
de personnages, en les plaçant dans des positions
différentes de celles qu'ils pourraient avoir en réalité et naturellement. Aussi faut-il admettre deux
manières de concevoir le but et la composition du
bas-relief, lesquelles constituent deux styles ou
deux écoles distinctes : l'école ancienne, et l'école
moderne, qui a pris naissance, avec beaucoup
d'éclat, dans le xv⁰ siècle. Ces deux manières ont
leur caractère propre et leur utilité propre, leurs
sectateurs aussi et leurs critiques. Celle des Anciens date de l'origine de la sculpture, et nous
pouvons dire de l'origine des arts dans l'antiquité
la plus reculée. Les Égyptiens l'ont transmise aux
Grecs, d'où elle a passé aux Romains, et elle est
encore mise en pratique. On admet qu'elle prend
sa forme dans l'écriture sacrée des Égyptiens. Une
succession de figures dans un bas-relief formait
une sorte d'écriture hiéroglyphique, une série
d'emblèmes qui parlaient à l'esprit, et permettaient à l'artiste un développement de faits et de
pensées indépendant du but d'imitation pittoresque, par lequel les Modernes ont fait de l'art du
bas-relief une œuvre savante.

Plus tard, le système des figures du bas-relief

resta fidèle au principe de l'écriture figurative, et, bien que l'art d'imitation partielle de chaque objet fût très-perfectionné, les compositions retinrent toujours l'esprit de leur premier emploi. Chez les Modernes, au contraire, la science du bas-relief a suivi le goût et les errements de la peinture, et prétendit à l'illusion du tableau (1).

Voici comment Perrault, dans son *Parallèle des Anciens et des Modernes*, apprécie le caractère différent des deux écoles :

« Si l'on examine bien la plupart des bas-reliefs
» antiques, on trouvera que ce ne sont pas de
» vrais *bas-reliefs*, mais des reliefs de *ronde-bosse*
» sciés en deux de haut en bas, dont la principale
» moitié a été appliquée et collée sur un fond tout
» uni. Il ne faut que voir le bas-relief des Dan-
» seuses. Les figures en sont assurément d'une
» grande beauté, et rien n'est plus noble, plus
» svelte, plus galant, que l'air, la taille et la dé-
» marche de ces jeunes filles qui dansent ; mais
» ce sont des figures de ronde-bosse sciées en

(1) Voir QUATREMÈRE DE QUINCY, Description du bouclier d'Achille par Homère. (*Nouveaux Mémoires de l'Académie des Inscriptions*, tome IV.)

» deux, comme je viens de le dire, ou enfoncées
» de la moitié de leur corps dans le champ qui le
» soutient. Par là, on connaît clairement que le
» sculpteur qui les a faites, manquait encore,
» quelque excellent qu'il fût, de cette adresse que
» le temps et la méditation ont enseignée depuis,
» et qui est arrivée de nos jours à sa dernière per-
» fection : je veux dire cette adresse par laquelle
» un sculpteur, *avec deux ou trois pouces de relief,*
» fait des figures qui non-seulement paraissent
» de ronde-bosse et détachées de leur fond, mais
» qui semblent s'enfoncer, les unes plus, les autres
» moins, dans le lointain du bas-relief. »

Le sentiment d'un sculpteur célèbre, Falconet,
s'accorde avec ce jugement du savant littérateur.
Après avoir critiqué les bas-reliefs anciens, qui ne
produisent point l'imitation des objets naturels, il
dit que les règles du bas-relief sont les mêmes que
celles de la peinture, au point, qu'*un habile sculp-*
teur doit pouvoir construire un bas-relief d'après un
bon tableau, comme d'après le modèle lui-même ;
qu'une loi rigoureuse à observer avec la plus scru-
puleuse attention, est celle de la juste distance, les
unes des autres, des diverses figures du sujet, si-
tuées sur des plans différents ; que c'est surtout

dans l'observation de cette règle, que se trouve l'analogie qui existe entre le bas-relief et la peinture ; que rompre ce lien, ce serait dégrader la sculpture, et la restreindre entièrement aux *statues*, tandis que la nature lui offre, comme à la peinture, *des tableaux* (1).

Un peintre distingué, Dandré Bardon, professeur à l'École de Peinture et de Sculpture, caractérise de même les deux écoles ancienne et moderne. « Les sculpteurs modernes, dit-il, ont été
» dirigés par des vues très-justes et par des con-
» naissances plus étendues que les Anciens. Ils
» ont réuni sous un même point de vue les di-
» verses beautés du bas-relief que l'Antique n'a-
» vait exposées que séparément. Par cet ingénieux
» assemblage, réunissant les principes des sculp-
» tures de bas-relief et de demi-bosse à ceux des
» bas-reliefs de ronde-bosse à plusieurs plans, ils
» ont enrichi l'art d'un nouveau genre d'ouvrages,
» qui les met à portée d'imiter avec le ciseau tous
» les effets de la nature que le pinceau peut re-
» tracer (2). »

(1) FALCONET, Réflexions sur la sculpture; voir *OEuvres complètes;* 3ᵉ édition, tome III, page 37.
(2) DANDRÉ BARDON, *Essai sur la sculpture;* page 59.

Il est inutile de multiplier davantage les cita-
tions en faveur de l'école moderne. Mais il faut
montrer maintenant que les Anciens ont eu aussi,
et peuvent avoir encore leurs défenseurs et leurs
partisans.

Nous trouvons dans les *Mémoires de l'Académie
des Inscriptions*, un écrit de l'abbé Sallier, lu à
l'Académie en 1728, tendant à réfuter les idées
émises par Perrault, et à affranchir l'artiste des
règles que lui impose l'école moderne. Si dans le
bas-relief de la colonne Trajane, dit-il, il n'y a ni
perspective ni dégradation, si les figures s'y trouvent presque toutes sur le même plan, si quelques-
unes placées derrière les autres y sont aussi grandes
et aussi marquées que celles-là, en sorte qu'elles
semblent montées sur des gradins pour se faire voir
au-dessus des autres; « c'est que l'ouvrier, supé-
» rieur aux règles de son art, avait de justes mo-
» tifs pour les négliger (3). »

M. Quatremère de Quincy, dans son savant
article sur les bas-reliefs, écrit pour le *Diction-*

(3) *Discours sur la perspective de l'ancienne peinture ou
sculpture;* voir *Mémoires de l'Académie des Inscriptions et
Belles-Lettres;* tome VIII, page 97.

naire d'Architecture de l'Encyclopédie méthodique, prend aussi la défense des Anciens, et atténue
les reproches qu'on leur a adressés : il montre le
caractère propre et les usages de leurs bas-reliefs ;
il cherche à prouver que les Anciens parfois ont
fait quelques essais dans le genre moderne ; que
ce genre ne leur était pas absolument étranger ;
qu'il y a lieu enfin de distinguer dans leurs
œuvres le style primitif, à figures isolées et sans
actions, et plus tard le style perfectionné où les
figures liées ensemble par la composition sont
susceptibles de représenter un sujet et d'exprimer une action à laquelle elles concourent ensemble.

« Dès lors, dit-il, les bas-reliefs acquirent la
» multiplicité des plans et devinrent des espèces
» de tableaux, privés de couleurs, il est vrai,
» mais susceptibles de rendre et d'exprimer une
» partie des sujets qui, jusque-là, n'avaient pu
» être que du district de la peinture. On vit les
» figures disposées sur des plans différents, in-
» diquer, par une dégradation sensible de *relief*,
» leur plus ou moins grand éloignement ; on les
» vit, groupées entre elles, former un ensemble
» de composition, représenter une action, et,

» sans cesser d'être utiles à l'histoire, dans les
» monuments, se prêter à toutes les inventions
» du génie, sous le rapport seul de l'art et du
» plaisir. »

Cela prouverait donc que les Anciens eux-
mêmes avaient eu l'idée d'introduire dans les
bas-reliefs les principes de la perspective et les
conditions de perfection qui caractérisent le style
moderne. Cet aveu, loin d'infirmer le sentiment
de Perrault, de Falconet et de Bardon, sur les
principes qui doivent présider à l'art du bas-relief,
le fortifie, et concourt à former notre jugement sur
la convenance et l'utilité des règles géométriques
qui font le sujet du Mémoire dont nous avons à
rendre compte à l'Académie.

Toutefois, nous devons ajouter que, dans un
ouvrage moderne sur la peinture, où l'auteur exprime des idées fort justes sur la nécessité indis-
dispensable de l'usage constant des règles de la
perspective dans l'art du peintre, nous trouvons,
au sujet des bas-reliefs, des idées différentes, qui
tendent à infirmer les principes que nous venons
d'admettre avec tous les sectateurs de l'école moderne depuis quatre siècles.

L'auteur, après avoir montré le caractère de l'art

chez les Anciens, et dit que leurs bas-reliefs doivent être considérés « plutôt comme des indications
» produisant des idées savantes, que comme des
» insinuations tendant à tromper la vue, » ajoute :
« Les Anciens firent donc bien en ne visant point
» à l'illusion dans les bas-reliefs... Ils ont pro-
» proportionné leurs saillies selon les véritables
» règles de l'optique, et ils nous offrent les mo-
» dèles les plus sûrs en cette partie de l'art.....
» C'est une règle infaillible, qu'il ne doit rien y
» avoir de perspectif dans les bas reliefs, les ca-
» mées, les pierres gravées, et que *tout y doit*
» *être orthographique* (1). »

Opinion étrange, mais dont on se rend compte
jusqu'à un certain point, en considérant que l'auteur part d'un principe qui change la destination
propre des bas-reliefs, puisqu'il dit qu'on ne doit
pas les regarder « comme des insinuations tendant
» à tromper la vue. »

Ne nous arrêtons pas davantage sur ce point.
Passons au temps où l'art du bas-relief a pris, chez
les Modernes, son caractère d'imitation, et cher-

(1) PAILLOT DE MONTABERT, *Traité complet de Peinture;*
voir tome II, pages, 36 et 39.

chons à découvrir les règles qu'on a pu suivre pour lui donner ce haut degré de perfectionnement.

C'est à un peintre et sculpteur célèbre du xve siècle, Laurent Ghiberti, qu'est due cette innovation dans la statuaire et l'impulsion heureuse qui s'en est suivie dans les arts d'imitation.

S'étant présenté, en 1401, au concours ouvert pour le projets d'une des portes du baptistère de l'église de Saint-Jean, à Florence, Ghiberti employa dans ce travail toutes les ressources de la perspective linéaire dont il faisait usage avec grand succès dans la peinture. Son projet eut l'approbation unanime de ses juges et de ses concurrents ; et, plus tard, l'exécution d'une seconde porte lui fut confiée, et lui donna lieu de se surpasser lui-même dans un second chef-d'œuvre. Il suffira de rappeler, pour faire apprécier le mérite de ce travail, que les deux portes faisaient l'admiration de Michel-Ange, qui les trouvait dignes d'êtres *les portes du Paradis* (2). C'est ainsi qu'on a continué, depuis lors, de les appeler.

Ce succès de Ghiberti fut l'origine de la nouvelle

---

(2) G. VASARI, *Vies des peintres, sculpteurs et architectes ;* voir l'article de Lorenzo Ghiberti, sculpteur florentin.

école fondée sur l'emploi de la perspective. Ce genre se retrouve dans la plupart des bas-reliefs des sculpteurs célèbres du xvᵉ et du xvɪᵉ siècle, dans ceux, notamment, de Jean Goujon, de Cousin, de Bontems, de Germain Pilon, de Desjardins.

Dans le xvɪɪᵉ siècle, le bas-relief fit un nouveau pas, qui lui permit de rivaliser avec la peinture dans les tableaux historiques en grand. Ce fut Algardi, célèbre sculpteur italien, qui conçut et réalisa cette extension de l'art, en composant en bas-relief un vaste tableau d'histoire. Son succès fut prodigieux, et dès ce moment le bas-relief devint une nouvelle manière de peindre, dont les principes se confondirent avec ceux de la peinture proprement dite (1).

Nous conclurons de cet aperçu rapide des progrès de la sculpture, depuis l'antiquité jusqu'à nos jours, qu'il faut distinguer dans l'art du *bas-relief*, l'école ancienne et l'école moderne, ainsi que nous l'avions annoncé, et que les ressources de celles-ci, inconnues à la première qui, du moins, n'en a fait que rarement et faiblement usage, sont dues à

(1) Quatremère de Quincy, *Dictionnaire d'Architecture* de l'Encyclopédie méthodique ; voir article *Bas-relief*, p. 242.

l'emploi des principes de la perspective dans la représentation de diverses parties du sujet et dans la dégradation de leurs distances selon l'éloignement.

Cette conclusion résout la question que nous nous étions proposée, et nous pouvons dire, avec les grands maîtres et les plus judicieux appréciateurs de leurs œuvres, que, pour donner à l'art du bas-relief toute l'extension et la perfection d'exécution dont il est susceptible, il faut l'assujettir aux règles rigoureuses de la perspective, comme la peinture y a été assujettie si heureusement vers la même époque du xv° siècle (1).

(1) Pietro della Francesca, aussi appelé Pietro dal Borgo-San-Sepolcro, du nom de sa ville natale, excellent peintre du quinzième siècle, qui passait aussi pour le plus savant géomètre de l'époque, est regardé comme le principal promoteur de la perspective linéaire. Ce savant artiste laissa, entre autres écrits mathématiques, que la cécité dont il fut frappé dans sa vieillesse l'empêcha de mettre en lumière, un *Traité de Perspective* en trois livres, dont plusieurs auteurs ont fait mention, en exprimant toujours le regret que cet ouvrage important, qui marquait une ère nouvelle dans l'art de la peinture, soit resté inédit ou même inconnu, au point que, depuis longtemps, on le croit perdu pour toujours. Mais nous sommes heureux de pouvoir dire qu'il en existe, à notre connaissance, une copie ancienne qui a fixé l'attention d'un érudit distingué, amateur des beaux-arts; qu'il y a donc lieu d'espérer que la publication de cet ouvrage, au-

Mais quelles sont ces règles rigoureuses empruntées des principes de la perspective, que les sculpteurs modernes ont appliquées avec un si grand succès, qu'elles doivent être regardées comme le véritable fondement de l'art du bas-relief? Ici nous rentrons essentiellement dans la tâche qui nous est imposée.

Pour donner à la question que nous venons de poser l'expression et le sens mathématique qui lui conviennent, nous dirons : *Un sujet ou modèle étant donné, comment formera-t-on une nouvelle figure, un relief, selon l'expression technique, présentant dans tous les sens, des dégradations de distances telles que celles qui s'observent dans la simple perspective sur une surface plane.*

Cette question constitue un beau problème de Géométrie, indépendamment de ses applications à l'art du bas-relief. Nous attachions un vif intérêt à retrouver dans quelques écrits de sculpteurs célèbres qui ont suivi Ghiberti dans son heureuse innovation, au moins l'indication des règles qu'ils ont dû observer pour résoudre pra-

quel s'attache un intérêt historique réel, viendra combler une lacune dans l'histoire de la science et de l'art.

tiquement ce problème. Mais malheureusement ils
gardent tous le silence. Cependant Ghiberti avait
écrit un Traité sur la sculpture, où il faut croire
qu'il avait consigné quelques règles pratiques;
mais cet ouvrage est resté manuscrit. On dit qu'il
existe encore dans une des bibliothèques de Florence. Faisons des vœux pour qu'il fixe, un
jour, l'attention du gouvernement grand-ducal,
ou de quelque amateur zélé des arts et de la
science.

On peut, en l'absence de toute tradition, concevoir que les règles que les artistes auront observées dans leurs bas-reliefs se soient offertes
assez naturellement à l'esprit, et aient été très-
simples. Si l'on suppose, par exemple, qu'une
série de plans verticaux et parallèles dans le modèle soient représentés dans le bas-relief par d'autres plans verticaux parallèles à ceux-là, cas assez
ordinaire, il n'y aura plus qu'à fixer les distances
mutuelles de ces nouveaux plans; car les positions
des différents points qu'il faudra marquer sur ces
plans, comme appartenant au bas-relief, seront
sur les rayons visuels menés du lieu du spectateurs aux points du modèle. Or, puisque ce sont
les règles de la perspective qu'on se propose d'ap-

pliquer ici, on a dû faire naturellement la dégradation des distances des nouveaux plans selon les règles de l'*échelle fuyante* en usage dans la perspective linéaire. On sait qu'on appelle *échelle fuyante* ou *échelle perspective* la perspective d'une *échelle géométrale*, c'est-à-dire d'une droite divisée en parties égales. Les divisions en perspective, loin d'être égales comme les premières, vont en diminuant indéfiniment et tendent à devenir nulles en s'approchant du *point de fuite*, qui correspond au point de la division géométrale qui serait à l'infini. Ayant donc une série de plans verticaux parallèles dans le bas-relief, il suffira de mener arbitrairement une droite transversale, et de faire une perspective de cette droite et de ses points de division marqués par les plans du modèle qu'elle traverse ; les points en perspective appartiendront aux plans d'un bas-relief, lesquels seront ainsi déterminés.

Ce mode de construction s'appliquera naturellement aux décorations théâtrales.

On conçoit donc comment les artistes auront pu sans difficulté introduire les règles de la perspective dans la construction des bas-reliefs et des œuvres du même genre. On peut penser que l'expérience leur aura fait reconnaître ensuite quelques-unes des propriétés princi-pales des figures ainsi construites, comparées au modèle. Par exemple, qu'une surface plane quelconque dans le modèle se trouve représentée par une autre surface plane dans le relief, et par suite qu'une ligne droite est représentée par une ligne droite. Ils auront pu reconnaître encore qu'aux points de l'espace situés à l'infini et con-sidérés comme appartenant au modèle, corres-pondent dans le bas-relief des points situés tous dans un même plan. Mais les deux figures, le modèle et le bas-relief, ont entre elles diverses autres relations de position et de grandeur, qui sont, sans doute, restées inconnues aux sculpteurs. Il était réservé à la science proprement dite de les découvrir et de les mettre à profit pour créer une belle méthode en Géométrie spéculative, dont nous parlerons bientôt.

Le premier ouvrage dans lequel nous trouvons quelques règles pour la construction des bas-reliefs, est le *Traité des pratiques géométrales et perspectives* du célèbre graveur Abraham Bosse, professeur de perspective à l'Académie royale de Peinture et de Sculpture.

L'auteur dit que « ceux qui se mêlent de faire
» des bas-relief, sans savoir la perspective, y font
» de grandes méprises, ne discernant pas les par-
» ties que l'œil en doit ou ne doit pas voir ; que
» les vrais bas-reliefs ne doivent être considérés
» ou vus que d'un seul endroit, ainsi qu'un ta-
» bleau de plate peinture, et doivent avoir peu de
» relief.

» Et comme en ne sachant pas, continue-t-il, les
» beaux effets des règles de l'optique et perspective,
» l'ouvrier croit que faisant ainsi son ouvrage, il
» ne ferait pas à l'œil assez d'effet de relief ; il pré-
» tend y suppléer pour en donner beaucoup aux
» premiers objets, et ainsi il vient à faire, sans y
» penser, du géométral, ou ronde-bosse en devant
» et du perspectif dans l'éloignement, ou bien du
» relief perspectif difforme.

» Mais ceux qui savent le moyen de faire pa-
» raître à l'œil un objet d'un demi-pouce de saillie,
» composé de lignes courbes, en avoir trois ou
» quatre à mesure qu'il s'en éloigne, et de faire
» les *échelles perspectives* pour pratiquer ces deux
» sortes de travail par ébauche et au ciseau, et
» aussi les plans géométraux et perspectifs comme
» aux tableaux, suivant le peu d'épaisseur que l'on

» doit donner au bas-relief, sont bien plus assurés
» et mieux fondés. »

La règle de construction que donne Bosse, à la suite de ces observations, ne diffère pas, au fond, de celle dont nous avons indiqué ci-dessus le principe et qui dérive naturellement des usages de *l'échelle fuyante* dans la perspective ordinaire. Aussi, l'auteur l'intitule en ces termes : *Faire les échelles perspectives pour les bas-reliefs.*

Bosse possédait, on le sait, des connaissances mathémathiques qui lui permettaient de traiter avec intelligence toutes les questions de la perspective et de la coupe des pierres ; cependant il tenait à honneur de n'être que le propagateur des conceptions de Desargues, et de n'enseigner dans ses propres ouvrages, ainsi que dans ses *Leçons à l'Académie de Peinture et de Sculpture*, que les méthodes de ce savant géomètre, digne contemporain et ami de Descartes, de Fermat et de Pascal. On peut donc penser que les principes de construction des bas-reliefs sont empruntés de Desargues ; d'autant plus que Bosse nous apprend qu'il possédait encore de ses ouvrages en manuscrit. C'est là un nouveau service rendu aux beaux-arts par l'habile géomètre, à qui sont dues, parmi tant d'autres conceptions heureuses, des méthodes faciles pour la perspective linéaire, et surtout les principes de la perspective aérienne, pour *la dégradation des couleurs* et *le fort et le faible* dans le tracé des contours, selon leur éloignement sur l'échelle fuyante; véritables règles de la peinture (1).

Ce n'est qu'un siècle plus tard, que nous trouvons un second écrit sur les bas-reliefs, dans un ouvrage intitulé : *Raisonnement sur la Perspective, pour en faciliter l'usage aux artistes*, par Petitot, architecte (imprimé à Parme, 1758, in-4°). Le chapitre relatif aux bas-reliefs est très-succinct, et la construction indiquée repose sur le même principe que celle de Bosse, savoir, la division de l'é-

(1) On sait combien ces principes prescrits par Desargues ont suscité d'opposition dans son temps, de la part d'une foule de gens qui, n'ayant puisé leurs connaissances mathématiques qu'au point de vue restreint de la pratique, et étant dès lors peu capables d'en faire une application intelligente et d'en comprendre le sens et le vrai caractère, se croyaient très-supérieurs au *géomètre spéculatif, demi-savant* à leurs yeux. L'erreur de ces détracteurs de la science, et leur animosité à l'égard du géomètre qui signalait leur ignorance, furent telles alors, que défense officielle fut faite à Bosse de laisser le nom de Desargues dans les ouvrages qu'il se proposait de publier sous les auspices de l'Académie de peinture et de sculpture; défense à laquelle il répondit: *Qu'en homme d'honneur il ne devait ni ne pouvait l'en ôter.*

paisseur du bas-relief conformément à l'échelle
fuyante de la perspective. L'auteur dit que cette
manière facile de régler les saillies d'un bas-relief
est d'autant plus nécessaire, qu'elle paraît nouvelle, et qu'elle servira à corriger entièrement les
fautes des sailllies et de perspective qui échappent
ordinairement lorsqu'on n'est guidé que par le
goût. Il applique la méthode à la statue du Gladia-
teur antique, qu'il prend pour modèle et qu'il se
propose de représenter en bas-relief.

Cependant ces règles succinctes de Bosse et de
Petitot étaient incomplètes en principe et dans l'application, et ne formaient point une théorie des
bas-reliefs. Le premier ouvrage dans lequel, à notre
connaissance, la question ait été envisagée sous un
point de vue géométrique, quoique encore exclusivement pratique, date de la fin du siècle dernier.

Cet ouvrage, écrit en Allemand, a pour titre :
Essai sur la perspective des reliefs, par Breysig,
professeur à l'École des Beaux-Arts de Magdebourg
(in-8°, 1792).

L'auteur, après avoir défini l'objet des bas-
reliefs, dit qu'il s'étonne que depuis longtemps il
ne se soit pas rencontré un géomètre qui, stimulé
par le sentiment de l'art, se soit imposé la tâche

de trouver des règles sûres et invariables qui puissent être appliquées aux travaux de sculpture en relief. Ce sont ces règles mathématiques qu'il se propose de donner.

Il entre d'abord dans des considérations assez développées sur les règles d'esthétique, eu égard à l'usage auquel sera destiné le bas-relief que l'on se propose de construire. Laissons ces remarques intéressantes, pour arriver tout de suite à la partie mathématique de l'ouvrage, aux règles de construction, la seule qui soit ici de notre ressort.

Le procédé de l'auteur est extrêmement simple et a beaucoup d'analogie avec une des pratiques les plus usitées de la perspective. En effet, dans la perspective ordinaire sur un plan ou tableau, on détermine l'image d'une droite au moyen de deux points, qui sont ceux où cette droite et sa parallèle conduite par l'œil rencontrent le tableau ; la droite menée par ces deux points forme la perspective de la droite proposée.

En perspective-relief, l'auteur prend deux plans parallèles, entre lesquels sera compris le bas-relief, qu'il appelle, l'un *plan plastique* ou *tableau*, et l'autre *plan principal*. Une droite appartenant au modèle est représentée dans le bas-relief par une autre droite déterminée au moyen de deux points, l'un desquels est le point où la droite du modèle perce le plan *plastique,* et l'autre le point ou la parallèle à cette droite, esnduite par l'œil, perce le plan *principal ;* la droite qui joint ces deux points est la *perspective-relief* de la droite du modèle. Il est clair que la construction des différents points du bas-relief, ainsi que des plans qui s'y trouvent, découle immédiatement de cette construction d'une droite.

Si l'on suppose que le plan *principal* s'approche indéfiniment du plan *plastique,* le bas-relief s'aplatira indéfiniment, et, à la limite où les deux plans coïncident, le bas-relief devient une simple perspective linéaire sur le plan *plastique.* Ce qui montre l'analogie qui existe entre ce procédé de construction des bas-reliefs et la perspective sur une surface plane.

L'auteur donne encore deux autres méthodes, mais elles ne diffèrent point, au fond, de la première, et elles n'en sont que des applications particulières qui ne renferment point une idée nouvelle.

Il avait annoncé qu'il ferait suivre cet ouvrage d'un second, dans lequel il entrerait dans de plus grands détails concernant la perspective-relief.

Nous ignorons si ce projet s'est réalisé : on peut en douter, car nous ne trouvons aucune mention historique, ou simplement bibliographique, d'un second ouvrage sur le même sujet. Il paraît même que celui dont il vient d'être question a été peu répandu, et qu'il n'a pas eu le degré d'utilité et l'influence sur les progrès de l'art, que l'auteur en espérait.

Peut-être faut-il attribuer cet insuccès à deux causes naturelles. D'une part, bien que l'ouvrage repose sur des considérations mathématiques rigoureuses, plus développées que dans ceux de Bosse et de Petitot, il est, néanmoins, tout à fait étranger par la forme et le style, autant que par le sujet, aux considérations théoriques qui auraient pu fixer l'attention des géomètres et les engager à s'occuper de cette question. Et d'autre part, il n'était probablement pas assez approprié aux idées et aux habitudes des artistes, pour qu'il leur parût se rattacher essentiellement à l'objet précis de leurs travaux.

Mais depuis, cette question des bas-reliefs a été traitée, incidemment et brièvement, il est vrai, dans un ouvrage de pure Géométrie, avec la précision et la clarté qui sont le caractère des théories mathématiques considérées dans toute leur généralité et le degré d'abstraction qu'elles comportent. Nous voulons parler du *Traité des Propriétés projectives des figures*. L'auteur ayant en vue, dans le supplément joint à cet ouvrage, d'appliquer aux figures à trois dimensions la méthode empruntée des principes de la perspective linéaire pour la démonstration des propriétés des figures planes, imagina un procédé analogue de déformation des figures à trois dimensions, qu'il appela *Théorie des Figures homologiques* ou *Perspective-relief*.

Dans ces figures, les points se correspondent deux à deux, et sont sur des droites concourantes en un même point appelé *centre d'homologie*, et des droites correspondent à des droites, et par suite des plans à des plans ; en outre, deux droites correspondantes, de même que deux plans correspondants, se coupent mutuellement sur un même plan fixe appelé *plan d'homologie*.

Après avoir fait un usage très-étendu de cette méthode, comme moyen de démonstration et de découverte en Géométrie rationnelle, M. Poncelet montra que deux figures homologiques réunissent toutes les conditions que l'on doit observer dans la construction des bas-reliefs et dans les décorations théâtrales.

Par cette remarque, il fit rentrer cette branche des arts d'imitation dans les applications d'une théorie géométrique très-simple par elle-même et qui permettait de substituer des règles sûres et faciles à des tâtonnements incertains, à des recherches mal définies et peu heureuses le plus souvent. M. Poncelet ajoute « qu'il laisse aux artistes » instruits le soin de développer ces idées de la » manière convenable, pour les mettre à la portée » de ceux qui exécutent (1). »

Toutefois ce n'était point là l'œuvre réservée aux artistes proprement dits, quel que fût leur mérite, parce qu'elle exigeait nécessairement le géomètre

---

(1) Notre confrère, M. Ch. Dupin, a aussi reconnu que l'art des bas-reliefs est soumis aux règles précises de la science de l'étendue. Le savant géomètre exprime, à ce sujet, des idées succintes, mais fort justes, dans le discours préliminaire des *Applications de Géométrie et de Mécanique* (in-4°, 1822), où il dit : « La sculpture des bas-reliefs est » plus qu'une simple projection des objets à représenter; » elle est moins que le relief même des objets naturels. C'est » encore à la Géométrie qu'il appartient de régler les dégra- » dations de forme, de grandeur et de position, qui servent » à distinguer les objets rejetés sur des plans plus ou moins » éloignés, ou placés au premier plan de ces travaux à trois » dimensions, dans lesquels le ciseau, par ses prestiges, doit » égaler la magie des chefs-d'œuvre de la palette et du pin- » ceau. »

habitué aux spéclations de la science, le seul auquel il appartienne de traiter les questions mathématiques avec la précision et la lucidité qui en aplanissent toutes les difficultés.

M. Poudra, ancien élève de l'École Polytechnique et professeur au corps d'état-major, s'est proposé de donner suite à la pensée de l'auteur du *Traité des Propriétés projectives des figures*, ce qui l'a conduit à composer l'ouvrage dont l'Académie nous a chargés de lui rendre compte. Mais tout ce que nous venons de rappeler en fait bien comprendre le but, et rend à présent notre tâche facile.

Cet ouvrage est divisé en deux parties : dans la première, l'auteur traite, sous un point de vue général, de la construction des figures *homologiques*, ou *perspective-relief*; et dans la seconde, des applications particulières de cette théorie à la construction des *bas-reliefs* proprement dits, aux décorations théâtrales, et à l'architecture des grands édifices. Il donne ensuite des règles générales d'harmonie et de convenance à observer, selon les différents cas que rencontrent ces travaux d'art, dont l'objet propre est de donner à une représentation limitée l'apparence fidèle de la nature, par des effets d'illusion de la vue.

MÉTHODES GÉNÉRALES DE CONSTRUCTION DES FIGURES HOMOLOGIQUES.

L'auteur expose plusieurs méthodes : nous en distinguerons cinq, les autres n'étant que de simples modifications de celles-là, ou présentant des procédés mixtes qui en dérivent.

La première méthode, laquelle pouvait se présenter assez aisément à l'esprit, à raison de son analogie avec la pratique la plus usitée en perspective linéaire, ne diffère pas, au fond, de celle de Brésyg que nous avons fait connaître. Dans cette méthode, on se sert de la position du point de l'œil et de deux plans parallèles, dont l'un est le *plan d'homologie*, plan commun aux deux figures, et l'autre, le plan qui, dans la figure que l'on construit, correspond à l'infini considéré comme appartenant à la figure proposée. Ces deux plans sont, respectivement, le plan *plastique*, et le plan *principal*, dont il a été question précédemment. M. Poudra ne donne pas de dénomination technique au second; il le désigne simplement par la lettre I, initiale du mot *infini*. M. Poncelet, qui, le premier, a introduit en Géométrie rationnelle la considération de ce plan, devenue depuis si utile, ne l'a point dénommé non plus. Mais il semble que, par analogie avec la perspective ordinaire, où l'on considère les *points de fuite* qui sont les perspectives des points situés à l'infini, on soit conduit naturellement à l'appeler ici le *plan de fuite*. Nous adopterons cette dénomination, qui nous est nécessaire, car ce plan joue un grand rôle dans la théorie et l'exécution des bas-reliefs (1).

Dans sa deuxième méthode, l'auteur réduit toute

(1) Depuis que ce Rapport a été lu à l'Académie, nous avons appris qu'un géomètre allemand, M. C. T. Anger, président de la Société des naturalites de Dantzick, a tiré de l'oubli l'ouvrage de Breysig, se proposant principalement d'exprimer en analyse les règles de l'auteur pour la construction des figures-reliefs. Ce travail, qui est le sujet d'un premier Mémoire, paru en 1834, sous le titre : *Analytishe Darstellung der Basrelief-Perspective.* Danzig, 11 p. in-4°, a été complété dans deux autres écrits qui ont pour titres : 1° *Beiträge zur analytischen Basrelief-Perspective.* Danzig, 1846, 16 p. in-4°. 2° *Ueber die Transformation der Figuren in andere derselben Gattung.* p. 281-290 du Recueil périodique de M. J.-A. Grunert : *Archiv der Mathematik und Physik.* Greifswald, t. IV, ann. 1844.

L'auteur appelle *plan d'évanouissement* (*Verschwindung-fläch*) le plan que Breysig appelait *plan principal* (*hauptfläche*), et que nous avons nommé ci-dessus *plan de fuite.*

la construction à une simple perspective du modèle sur un plan. A cet effet, il conçoit que de chaque point du modèle on ait abaissé sur un plan de projection horizontal des verticales dont les pieds forment la projection du modèle proposé. Il construit, sur le plan d'homologie, pour une certaine position auxiliaire de l'œil, différente du centre d'homologie, une perspective de cette projection et des verticales; puis, il fait tourner ce plan autour de la ligne de terre pour l'abattre sur le plan horizontal, et il relève perpendiculairement à ce plan, les perspectives des verticales en les faisant tourner autour de leurs pieds; la figure formée par les extrémités de ces nouvelles verticales est la figure homologique qu'on se proposait de construire.

Dans la troisième méthode, on fait deux perspectives du modèle proposé sur deux plans rectangulaires, en prenant deux positions auxiliaires

---

M. Anger s'est encore occupé de l'art des représentations perspectives dans deux autres ouvrages que nous indiquerons ici par leurs titres : 1° *Zur Theorie der Perspective für Krumme Bildflächen, mit besonderer Berücksichtigung einer genauen Construction der Panoramen.* 4 p. in-f°, 1850. 2° *Untersuchungen über die perspectivische Verzerrung.* 16 p. in-4°, 1851.

de l'œil, différentes, mais dépendantes de la position du centre d'homologie. Ces deux perspecivest
sont regardées comme les projections orthogonales
d'une même figure de l'espace, laquelle est la
figure homologique demandée.

La quatrième méthode se sert d'un certain plan
appartenant au modèle, parallèle au plan d'homologie, et correspondant à l'infini considéré dans
la figure que l'on veut construire. Ce plan et le
plan de fuite sont à égale distance du point milieu
entre le *centre* et le *plan d'homologie*. Ici l'on obtient sur-le-champ la *perspective relief* d'une
droite en menant par le point où cette droite rencontre le plan d'homologie, une parallèle à la
droite qui va de l'œil au point de rencontre de
la proposée et du plan dont nous venons de
parler.

La cinquième méthode rapporte chaque point
du moddèle à trois plans coordonnés rectangulaires zx, xy et yz, qui sont, respectivement, le
plan d'homologie supposé vertical, le plan horizontal mené par l'œil, et le plan vertical, aussi
mené par l'œil, perpendiculairement au plan d'homologie. Les coordonnées d'un point du modèle
étant x, y, z, et celles du point correspondant dans

la figure homologique, x', y'', z', celles-ci ont pour expression

$$x' = x . \frac{\text{D}}{\text{D} + y}, \quad y' = y . \frac{\text{E}}{\text{D} + y}, \quad z' = z . \frac{\text{D}}{\text{D} + y};$$

D et E sont les distances du plan de fuite au centre et au plan d'homologie.

Chacune de ses méthodes de construction pourra avoir ses avantages particuliers dans les applications pratiques. Ainsi la deuxième, où la construction se réduit à une perspective plane, pourra paraître très-simple aux artistes déjà familiarisés avec la perspective linéaire : il en sera de même de la troisième méthode, où l'on emploie deux perspectives sur deux plans différents. Les formules de la cinquième méthode pourront paraître plus commodes que les constructions géométriques, lorsqu'il s'agira de très-grands bas-reliefs, comme dans les frontons des grands édifices.

OBSERVATIONS RELATIVES AUX PLANS DE FUITE.

La considération du plan de fuite répand beaucoup de clarté sur toute la théorie des figures homologiques et ses applications. Aussi l'auteur fait-

il un grand usage de ce plan, qui, cependant, en
général, ne fait pas partie des données à priori de
chaque question. On le détermine au moyen de ces
donnés, et ensuite il est d'un utile secours théorique et pratique. Mais il est à remarquer que ce
plan ne peut jamais figurer en réalité dans les bas-
reliefs, ni dans aucune des constructions qui dépendent des mêmes règles. Car on n'a à imiter,
dans ces travaux, que les seuls objets que l'œil verrait effectivement dans la nature ; de sorte que le
fond d'un bas-relief, de même que le fond de la
scène dans les décorations théâtrales, ne doit rien
contenir de ce qui existe au delà des limites naturelles de la vue : et souvent ce sont des distances
beaucoup moins profondes que l'on y représente.

Mais il est vrai aussi qu'à raison de la dégradation des distances en profondeur, le lieu qu'occu-
perait le plan de fuite peut n'être que très-peu au
delà de celui qui forme le fond du bas-relief.

Dans tous les cas, la considération de ce plan
est extrêmement importante, parce que c'est toujours sur ce plan lui-même que doivent concourir
virtuellement les lignes par lesquelles on représente, dans le bas-relief, des droites parallèles dans
le modèle. Il y a lieu surtout de tenir compte de

cette circonstance dans les décorations théâtrales, comme nous le dirons.

Dans la seconde partie de l'ouvrage, se trouvent les applications des divers procédés de construction des figures homologiques à la construction des *bas-reliefs* proprement dits. L'auteur indique quelle sera, selon les différents cas, la méthode la plus pratique, et, en tenant compte des procédés d'exécution en usage dans la sculpture, il énumère les diverses opérations successives qu'on aura à effectuer. Il montre quelles sont les limites dans lesquelles se renferme le secours précieux de la Géométrie, et au delà desquelles tout appartient à l'habileté et au génie de l'artiste, soit pour le choix des données les plus convenables, soit pour l'exécution ; de même que, dans la peinture, le simple tracé des contours, par les lois rigoureuses de la perspective, laisse encore toute latitude aux inspirations et au talent du peintre.

DÉTERMINATION DES OMBRES SUR UN BAS-RELIEF.

En général, on ne fait pas usage, dans les bas-reliefs, des effets d'ombre et de lumière qui sont d'un secours si puissant dans la peinture. Cependant il existe des bas-reliefs où l'on a eu recours à ce moyen d'accroître l'illusion, et il est en usage nécessairement dans les décorations théâtrales.

Si les ombres étaient effectivement marquées sur le modèle que l'artiste aurait sous les yeux, on conçoit que, pour les déterminer sur le bas-relief, il suffirait d'en faire la simple perspective sur sa surface ; mais on peut se proposer de tracer directement sur le bas-relief les ombres qui correspondraient, dans le sujet, à une direction donnée des rayons lumineux. L'auteur apprend à le faire, en observant que ce ne sont plus des rayons lumineux parallèles qu'il faut prendre dans le bas-relief, mais bien des rayons émanant d'un même point situé à distance finie. Ce point se trouve toujours dans le plan de fuite.

APPLICATION A L'ARCHITECTURE.

On sait que, dans les compositions architecturales, on a recours souvent aux effets d'illusion, soit à l'intérieur, soit à l'extérieur des édifices.

Dans l'intérieur, on se proposera, par exemple,

d'accroître en apparence la profondeur, ou de faire voir, dans des dimensions naturelles, des objets tels que des statues et autres ornements qui, nécessairement, devront avoir des dimensions différentes et des proportions diverses, selon leur éloignement et leurs positions respectives. A l'extérieur, on se proposera de produire les mêmes effets d'illusion, par les inclinaisons du sol conduisant à l'édifice, et par la forme et les dimensions de ses parties principales et de ses ornements accessoires, qui devront contribuer tous au même effet général.

On connaît des monuments remarquables construits dans ces vues. Il suffit de citer l'église de Saint-Pierre de Rome, où l'on admire, tant à l'intérieur qu'à l'extérieur, des effets d'illusion surprenants.

Plusieurs architectes ont écrit sur cette partie de leur art ; toutefois, ils n'ont indiqué que vaguement quelques moyens pratiques de produire ces grands effets. Cependant la théorie des apparences a été cultivée dans tous les temps, même chez les Anciens ; car c'est à elle que se rapportent le Traité d'Optique d'Euclide, celui d'Héliodore Larissée, l'Optique de Ptolémée, et, plus tard, les ouvrages d'Alhazen, de Roger Bacon, de Vitellion, et beaucoup d'autres chez les Modernes. Mais, dans tous ces ouvrages, on ne considère les apparences qu'eu égard à l'ouverture des angles visuels sous lesquels on aperçoit les objets de la nature, selon leurs diverses positions, sans se proposer de produire une imitation par la substitution d'objets différents. Et ce n'est que d'une manière incertaine et empirique qu'on a appliqué cette partie de l'optique aux constructions. Aussi tous les essais n'ont-ils pas eu toujours un succès heureux.

M. Poudra, en rattachant cette théorie des apparences à celle des figures homologiques, semble avoir établi le lien naturel qui devait unir ces deux parties de la science pour constituer la véritable théorie des apparences architecturales, d'où dérivent des règles sûres qui seront d'un puissant secours pour tous les artistes, même ceux qui pourraient se fier uniquement à leur expérience et aux inspirations de leur génie. Il indique encore la belle théorie des contrastes des teintes et des couleurs de M. Chevreul, par lesquels on modifie si essentiellement l'apparence des objets, comme pouvant offrir aussi des ressources qu'un architecte habile pourra mettre à profit.

L'auteur développe ces principes et en fait la

base de réflexions et de rapprochements qu'il applique à plusieurs des beaux monuments de la capitale, l'Arc de Triomphe, la place de la Concorde, la cour du Carrousel, le Louvre, etc. Nous ne ferons aucune observation sur ces détails particuliers qui rentrent essentiellement dans l'esthétique de l'art, et qui demanderaient des juges spéciaux et compétents. Toutefois, nous remarquerons qu'un fait récent vient indiquer que les idées émises par l'auteur peuvent bien n'être pas dépourvues de justesse Les embellissements de la cour du Louvre, au moment où il présentait son Mémoire à l'Académie, lui suggéraient quelques réflexions critiques : or, ils ont été remplacés, depuis, par un système d'embellissements différents, dictés par un sentiment délicat des convenances mêmes du monument.

DÉCORATIONS THÉÂTRALES.

Les Anciens ont appliqué aux décorations théâtrales, de même qu'à l'architecture, la théorie des apparences, et ils ont dû y joindre nécessairement quelques notions de perspective.

Plusieurs auteurs, à la Renaissance, ont écrit d'une manière spéciale sur cette question et y ont introduit quelques principes inconnus aux Anciens, ou, du moins, qu'ils n'ont pas appliqués.

En effet, il paraît qu'alors on opérait comme si la toile du fond qui doit représenter, ou la limite de la vue dans la nature, ou des objets plus rapprochés, eût pu contenir aussi la représentation des points situés à l'infini; ce qui était une erreur causée par l'ignorance où l'on était alors des vrais principes qui doivent guider dans cette partie des arts d'imitation. Le célèbre architecte Sébastien Serlio est celui qui paraît avoir aperçu, le premier, cette erreur, car on lit dans son *Traité de Perspective* ce passage intéressant :

« Certains architectes ont posé l'horizon dans
» la dernière muraille qui termine la scène, ce
» qui les force à relever le plan duquel sort ladite
» muraille, où il semble que tous les bâtiments s'y
» rencontrent. Je pensai en moi-même que je
» ferais passer cet horizon plus en arrière, et cela
» me succéda si bien, que, depuis, j'ai toujours
» suivi cette voie, laquelle je conseillerais à tenir
» à tous ceux qui se délectent de choses sem-
» blables. »

C'est-à-dire qu'ayant le sentiment du plan sur lequel doivent concourir toutes les droites qui représentent des droites parallèles dans la nature, on prenait, pour ce plan, le fond même de la scène : erreur grave, car ce plan doit se trouver beaucoup au delà.

Mais, après avoir reconnu cette erreur, Serlio ne donne pas de règle pour déterminer la véritable position virtuelle de ce plan.

Il paraît que ce fut, bientôt après, Guido Ubaldi, savant géomètre dont le nom figure, comme on sait, dans plusieurs parties des sciences mathématiques, qui découvrit, le premier, cette position ; et peut-être même verra-t-on, dans cet endroit, une première mais faible idée de la théorie des bas-reliefs. En effet, supposons l'œil au fond de la salle, à une certaine hauteur, il donne au sol de la scène une légère pente ascendante vers le fond, et concevant un plan horizontal conduit par l'œil, lequel, prolongé suffisamment, rencontrera le sol de la scène suivant une droite, c'est un point de cette droite, le point déterminé par la projection orthogonale de l'œil, et qu'on appelle, en perspective, le *point de vue*, qu'il prend pour point de concours de toutes les horizontales perpendicu-

laires au tableau ; de sorte que les faces latérales
de la scène concourent virtuellement en ce point,
de même que toutes les lignes qu'on peut tracer
sur ces faces pour représenter des horizontales,
telles que les lignes architecturales des édifices. Ce
point a reçu, plus tard, le nom de *point de contraction,* et plusieurs auteurs, se conformant aux
principes de Serlio et de Guido Ubaldi, ont reconnu son importance et en ont fait l'usage convenable.

M. Poudra fait voir l'analogie de ce procédé pratique introduit par Guido Ubaldi, avec la théorie
des figures homologiques ; car le sol de la scène
incliné en montant vers le fond, comme nous
l'avons dit, correspond, en perspective-relief, au
sol horizontal de la nature que l'on veut représenter, et le plan vertical parallèle au fond de la
scène mené par le *point de contraction,* est le plan
de fuite qui représente l'infini de la nature. Cette
remarque suffit pour montrer que la construction
des décorations théâtrales rentre dans la théorie
des figures homologiques, et est susceptible, dès
lors, de règles simples et rigoureuses.

Cette théorie donnera notamment la solution
d'une question fondamentale qui présente toujours

des difficultés aux décorateurs. Cette question est celle-ci : Étant donné un sujet d'une profondeur connue, ainsi que la profondeur de la scène théâtrale qui doit contenir sa représentation, et la position de l'œil, déterminer le point de contraction, ou, ce qui revient au même, la position du plan de fuite, sur lequel se trouve ce point, et dont se déduira la construction de toutes les autres parties de la scène?

Il faut observer que, dans cette question, l'inclinaison de la scène n'est pas donnée à priori, et qu'elle dépend de la hauteur de l'œil. Or, généralement cette inclinaison est invariable dans un même théâtre ; il en résulte, en conséquence, qu'avec les données que nous venons de supposer, savoir, la profondeur du sujet dans la nature et celle de la scène, la hauteur de l'œil n'est plus arbitraire. Or, comme dans les décorations théâtrales on a coutume de supposer l'œil du spectateur dans une certaine position constante au milieu du pourtour des premières loges, c'est sans doute cette condition surabondante qui donne lieu, dans la pratique, aux difficultés que rencontrent les décorateurs, peut-être sans qu'ils en voient bien la cause réelle qu'indique ici naturellement la théorie.

Nous avons dit ci-dessus que ce plan de fuite qui, dans la construction des bas-reliefs, peut être très-peu éloigné du fond apparent, s'en trouve, au contraire, très-éloigné dans les décorations théâtrales. Cela provient, comme l'observe M. Poudra, de ce que la dégradation des distances en profondeur doit être peu sensible, parce que les acteurs, qui eux-mêmes doivent faire partie de la scène, et cependant s'y mouvoir, ne sont pas susceptibles de la dégradation perspective que comporterait leur éloignement en profondeur.

CONCLUSION.

Nous arrivons enfin au terme du long examen qu'ont nécessité les différentes parties de l'ouvrage soumis à notre jugement. Sans avoir la pensée de prescrire aux artistes l'usage exclusif des règles rigoureuses, fondées sur la théorie géométrique développée par M. Poudra, nous exprimerons néanmoins la conviction que, dans tous les travaux d'art où l'on se propose l'imitation, par des effets d'apparence et d'illusion, on pourra toujours consulter avec fruit cet ouvrage, où se trouvent, à côté de ces règles aussi sûres et aussi précises que celles de la perspective plane, dont la peinture fait un si heureux emploi, des observations judicieuses et des appréciations motivées qu'on chercherait peut-être en vain dans d'autres écrits composés au seul point de vue artistique.

Nous pensons, en conséquence, que l'auteur mérite les encouragements de l'Académie.

Les conclusions de ce Rapport sont adoptées.

TRAITÉ DE PERSPECTIVE-RELIEF

Par M. le Commandant POUDRA,

ANCIEN PROFESSEUR A L'ECOLE D'ÉTAT-MAJOR.

PRÉLIMINAIRES.

Tous les arts d'imitation ont pour but de représenter l'apparence qu'offre un sujet, pour un point de vue choisi convenablement ; il est donc évident qu'une représentation quelconque doit être soumise, comme un dessin ou un tableau, à des règles analogues à celles de la perspective,

On possède de nombreux traités sur la perspective des tableaux, mais il n'en existe aucun qui traite de cette espèce de perspective applicable aux autres ouvrages d'imitation. Comme les constructions de ce dernier genre ont généralement trois dimensions, on appelle *perspective-relief*, la science analogue à la perspective plane, qui les concerne.

Ce traité a donc pour but principal d'exposer d'abord les principes généraux de la perspective-relief, et d'en faire ensuite les applications à divers arts d'imitation.

M. le général Poncelet, dans le supplément à son traité des propriétés projectives, appelle l'attention des géomètres et des artistes sur ce sujet intéressant qui, dit-il, n'a pas encore été traité. C'est donc pour remplir cette lacune dans la science que cet ouvrage est composé.

Les bas-reliefs sont des constructions qui, par leur destination, se rapprochent beaucoup des tableaux; ce sera la première et la plus importante des applications que nous ferons des principes de la perspective-relief. Nous ferons remarquer cependant que les bas-reliefs anciens, et beaucoup aussi de très-modernes, sont exécutés par à peu près, sans que leurs auteurs se soient préoccupés de suivre aucune règle précise; ce ne sont pour la plupart que des rondes bosses sciées en deux, collées sur un fond uni, et plus ou moins aplaties suivant le goût de l'artiste et la place que le bas-relief est destiné à occuper. Elle n'ont nullement la prétention de produire sur l'œil du spectateur une illusion analogue à celle que font les peintures et les dessins.

Parmi les bas-reliefs des XVᵉ, XVIᵉ et XVIIᵉ siècles, on trouve au contraire des œuvres remarquables qui semblent construites d'après des principes géométriques ; elles représentent des scènes entières, avec les profondeurs, les lointains, l'horizon, le ciel, comme peut le faire un tableau. On dirait qu'à cette époque, la sculpture a voulu rivaliser avec la peinture et produire des effets analogues, bien que par des moyens différents.

Il ne nous est rien parvenu sur les principes de perspective qui dirigeaient ces sculpteurs. On ne trouve que l'ouvrage de Bosse en 1648, qui, probablement d'après Desargues, ait cherché à poser quelques principes. Un siècle après, Petitot a dit aussi quelque chose sur le même sujet, mais tout cela est fort vague et certainement ne peut servir à diriger les sculpteurs. Nous cherchons donc à rétablir ces principes.

La seconde application aura pour objet les décorations théâtrales. Nous ferons voir que ces représentations résultent de l'alliance de la perspective plane et de la perspective-relief. Nous en conclurons alors les principes qui doivent diriger ce genre de constructions.

Nous avons vu, il y a quelques années, des décorations employées dans une fête publique, au Champ-de-Mars; il est évident qu'elles doivent dépendre, comme celles des théâtres, des mêmes principes de la perspective-relief.

Dans les dioramas et les panoramas, la perspective-relief servira à relier le lieu de l'observateur avec le tableau par une représentation continue.

Nous ferons voir ensuite comment la perspective-relief peut servir à modifier l'apparence intérieure ou extérieure des monuments. Nous ferons remarquer, à ce sujet, combien l'apparence extérieure d'un édifice peut être changée soit en bien, soit en mal, non-seulement par les proportions de l'ensemble et des détails de la construction, mais encore par la grandeur ou la disposition des objets qui les environnent, l'inclinaison du sol sur lequel il est placé, etc.

Enfin, les architectes de jardins pourront également tirer de notre travail des moyens de produire de grands effets dans des espaces plus ou moins limités.

Nous avons supposé que le lecteur avait quelque

connaissance des principes élémentaires de la géométrie descriptive et de la perspective; cela nous a
permis de restreindre l'étendue de nos explications
en renvoyant aux ouvrages qui traitent de ces deux
sciences.

Quelques pages consacrées à l'exposition des procédés géométriques de construction des perspectives-reliefs nécessitent de la part du lecteur un peu
d'attention; on sait combien il est difficile en effet
de rendre claires des démonstrations qui exigent,
pour être comprises, d'avoir une figure sous les
yeux et d'y chercher des points indiqués par des
lettres de renvoi. A part ces passages, le reste peut
être lu et compris facilement de tous ceux qui connaissent les éléments de la géométrie.

Nous avons été sobre de figures, d'abord parce
que devant être très-compliquées, il eût fallu les
exécuter dans de grandes dimensions, ensuite parce
que nous ramenons presque toujours la construction d'une perspective-relief à celle de perspectives planes qu'on doit savoir exécuter.

DES DIVERS MODES DE REPRÉSENTATION.

Lorsque l'on veut avoir la représentation d'un

ou plusieurs objets pris dans la nature et formant un sujet, on peut le faire de diverses manières :

1° On représente l'apparence que le sujet offre d'un point de vue choisi convenablement, sur une surface qu'on nomme tableau, suivant la méthode ordinaire des peintres, d'après les règles de la perspective. Ce tableau est généralement une surface plane ; on sait cependant qu'elle peut être cylindrique comme pour les panoramas, ou même sphérique comme les grands pendentifs des voûtes. Dans ce mode de représentation, les objets qui, dans la nature, ont généralement trois dimensions, sont représentés par des figures n'en ayant plus que deux ; leur profondeur ou relief n'est figurée que par des effets de perspective.

2° Lorsque les sculpteurs veulent représenter un objet quelconque, tel qu'un personnage ou un sujet de peu d'étendue, ils emploient ordinairement le relief, ou ce qu'on appelle en terme du métier, la ronde bosse. Celle-ci n'est autre chose qu'une imitation fidèle du sujet dans ses trois dimensions, formant ce qu'on appelle en géométrie, une figure semblable ; cette représentation offre pour un point de vue quelconque, la même apparence que le sujet lui-même, regardé du point correspondant.

C'est ainsi que se font les statues, qui peuvent devenir des statuettes ou conserver les dimensions de la nature et même dans quelques cas avoir des dimensions plus considérables. Mais lorsque l'artiste veut représenter un sujet ayant une certaine étendue, surtout en profondeur, comme la plupart des sujets représentés par les peintres dans leurs tableaux, on voit qu'il ne peut y arriver qu'en resserrant son travail dans un espace limité, de manière à y faire entrer la représentation d'objets souvent très-éloignés. Il ne peut figurer ainsi que l'apparence offerte par le sujet considéré d'un point de vue choisi convenablement ; mais il a l'avantage de pouvoir diminuer la profondeur du sujet dans le sens des rayons perspectifs, sans changer pour cela son apparence : il fait alors ce qu'on appelle un bas-relief.

Les bas-reliefs sont donc, comme on le voit, des imitations de la nature renfermées dans un espace moindre en profondeur que le sujet.

Nous disons que ces constructions doivent être soumises à des règles géométriques analogues à celles qui régissent la perspective plane ; pour le démontrer, reprenons le principe général sur lequel repose la vision.

Tous les corps éclairés d'une manière quelconque, deviennent à leur tour des corps éclairants, c'est-à-dire lançant de la lumière dans toutes les directions. Parmi tous ces rayons, il y a un faisceau qui arrive à l'œil de l'observateur et lui fait discerner les objets. Ces rayons forment un cône dont le sommet est dans l'œil, et dont la base n'est autre que la surface visible de ces objets ; c'est ce qu'on appelle le cône perspectif. Si sur chaque rayon de ce cône on prend un point remplaçant celui dont ce rayon émane et produisant sur l'œil la même sensation, il est évident que l'ensemble de tous ces points remplacera l'apparence de l'objet lui-même. Si tous ces points sont pris sur une même surface plane, comme cela résulterait de l'intersection du cône perspectif par un plan, on aura la perspective plane du sujet, et en y joignant les couleurs suivant les lois de la perspective aérienne, on aura un tableau qui pourra produire une illusion complète.

3° Si au lieu de prendre ces points intermédiaires sur une même surface plane ou courbe, on les détermine par une loi quelconque de continuité, et si l'on étend cette construction non-seulement aux points visibles du sujet, mais aussi à ceux qui ne le sont pas, c'est-à-dire à ceux qui sont masqués par d'autres points plus rapprochés de l'œil, on voit qu'on pourra former par leur réunion une figure en relief, c'est-à-dire ayant trois dimensions comme l'objet lui-même, mais qui pourra avoir beaucoup moins de profondeur que celui-ci, et qui cependant, considérée au point de vue choisi, aura une apparence identique. Cette figure ainsi construite est ce que nous appelons la perspective-relief du sujet.

Si de cette figure nous ne conservons que les parties visibles, supprimant le reste, ou mieux reliant entre elles ses diverses parties, de manière à donner de la solidité à l'ensemble de la construction, on aura ce qu'on appelle un bas-relief. Les résultats ainsi obtenus ne feront peut-être pas illusion comme une peinture, parce que ordinairement on n'y ajoute pas les couleurs ; mais, ils auront d'autres avantages précieux, tels que celui de pouvoir être construits en matériaux inaltérables au soleil, à la pluie ; et d'être ainsi susceptibles d'orner l'extérieur ou l'intérieur des monuments.

D'après ce que nous venons d'exposer, s'il suffisait de prendre arbitrairement, sur chaque rayon respectif, un point qui le remplace ; s'il n'y avait

pas d'autres règles à observer, il y aurait une infinité de figures qui pourraient être perspectives-
reliefs d'un même sujet. Mais il n'en est point ainsi ;
ce qu'on veut représenter, c'est l'apparence que
présente le sujet pris d'un point de vue unique ; si
le point d'où l'on doit regarder la perspective était
rigoureusement limité comme le serait une petite
ouverture pratiquée dans une mince cloison, on
pourrait à la rigueur, par une construction quelconque, avoir une figure qui, pour ce point unique,
aurait la même apparence que le sujet ; ainsi on
voit qu'une droite pourrait être remplacée par une
courbe essentiellement plane contenue dans le plan
perspectif de la droite ; mais alors il est évident que
si l'observateur s'écartait du point de vue, la courbe
ne pourrait plus représenter pour lui une droite,
et de même pour le reste ; de sorte que la figure
ainsi construite ne représenterait plus le sujet
donné : ce serait ce qu'on appelle une anamorphose, c'est-à-dire une figure qui n'offrirait la représentation d'objets distincts, qu'en plaçant l'œil
à un certain point. Comme en réalité, le point de
vue ne peut être limité d'une façon aussi absolue ;
que l'œil peut à chaque instant s'en écarter, et qu'en
définitive un bas-relief comme un tableau doit

bien représenter l'apparence qu'offre un sujet pour un point unique, mais avec cette condition essentielle jamais bien expliquée dans tous les ouvrages de perspective, que cette représentation soit encore satisfaisante pour tous les points où l'œil peut naturellement se placer pour l'examiner; il en résulte qu'il faut nécessairement, non-seulement qu'à un point du sujet corresponde un point de la perspective-relief, mais encore qu'à toute droite comprise dans le sujet corresponde toujours une droite, et par suite qu'à un plan corresponde un autre plan.

Il s'en suit que, si le sujet dont on veut avoir la représentation et le point de vue, sont bien déterminés; si les plans qui doivent limiter cette représentation sont bien connus de position, relativement à ce sujet et au point de vue, il n'y a absolument qu'une seule figure qui puisse satisfaire aux différentes conditions que nous venons d'énumérer, et être ainsi la perspective-relief du sujet donné.

DÉSIGNATIONS ET CONVENTIONS. (*fig.* 1 et 3.)

Il est nécessaire en commençant d'établir quel-

ques conventions destinées à éviter des longueurs
dans la désignation de divers points, droites ou
plans qui sont employés très-souvent.

Nous appellerons tableau le rectancle $T^1T^2T^3T^4$ à
travers lequel on est censé voir le sujet ou sa
perspective-relief. Nous désignerons par la seule
lettre T, le plan de ce rectangle. Ce plan commun
au sujet et à sa perspective-relief est celui que
M. le général Poncelet, dans ses considérations
sur les figures homologiques, a désigné sous le nom
de plan d'*Homologie*.

Le plan vertical $I^1I^2I^3I^4$ qui, parallèlement à celui
T, limite toute perspective-relief, s'appellera, d'après
l'avis de M. Chasles, le plan de fuite, et se désignera
par la lettre I. Il doit contenir la représentation
de tous les points qui, dans le sujet, sont à l'infini.

La lettre V désignera toujours le point de vue.
C'est le point que M. Poncelet appelle *Centre d'homologie*. Le plan parallèle à ceux T et I et qui contiendra ce point s'appellera le plan V.

Parallèlement aux trois plans T, I, V, en arrière
du point V et à une distance de celui-ci égale à
celle qui sépare le plan T du plan I, menons un
autre plan $J^1J^2J^3J^4$; nous le désignerons par le plan J

par analogie à celui I. Nous verrons en effet, que
c'est sur ce plan que se trouvent les points du sujet
correspondant à ceux qui, dans la perspective-relief sont à l'infini.

Le plan horizontal passant par V sera le plan
d'horizon, il sera désigné par la lettre H. Il coupe
le plan I suivant une horizontale HH, qui sera la
ligne d'horizon.

Le plan vertical qui, passant par V, est perpendiculaire à ceux T, I, et partage ainsi le sujet et sa
perspective-relief en deux parties égales, sera le
plan principal et sera désigné par P. Ce plan coupera celui H suivant une horizontale VO qui sera
le rayon perspectif principal. Ce rayon perce le
plan I en un point O qui est important en ce qu'il
sera le point de concours des droites de la perspective-relief qui correspondent à celles qui, dans le
sujet sont parallèles au rayon principal, et par conséquent perpendiculaires au tableau. Nous désignerons par S le plan du sol sur lequel est posé toute
la construction, nous le supposons horizontal.

L'intersection T'T² des plans T et S sera la ligne
de terre.

P désignera le pied de la verticale passant par
V, sur le plan S, de sorte que VP peut figurer un

homme dont l'œil serait en **V** et les pieds en **P**.

La distance **VO** du point de vue au plan **I** sera désignée par **D**, et celle du plan **T** à celui **I**, qui est l'épaisseur totale du bas-relief, par la lettre **E**.

Enfin nous appellerons **F** le plan vertical qui limite le bas-relief, lorsque celui-ci n'est pas prolongé jusqu'au plan **I** qui représente les points du sujet qui sont à l'infini. Ce plan n'est pas figuré *fig.* 1 et 3.

La figure 1 donne en perspective plane la représentation de la position relative des points et des plans désignés ci-dessus.

Nous aurions pu exécuter sur cette figure et de même qu'en perspective plane, toutes les constructions que nous allons effectuer pour les perspectives-reliefs ; mais cette méthode serait longue et même souvent difficile. Nous allons indiquer un autre mode de représentation qui nous rendra les constructions géométriques dans l'espace aussi faciles que celles qui se font dans un même plan. Je recommande fortement cette méthode qui, dans ce cas et dans beaucoup d'autres, est préférable à celle fournie par la géométrie descriptive ordinaire où l'on se sert de deux plans de projection.

Supposons que dans la *fig.* 1, les plans verticaux

et parallèles I, T, V, J tournent autour de leur trace respective sur le plan S et viennent se confondre avec lui. Admettons pareillement que toutes les verticales du sujet et de sa perspective-relief tournent de même autour de leur pied respectif et dans le même sens. Nous formerons ainsi la *fig.* 2 dans laquelle les mêmes lettres désignent les mêmes points que dans la *fig.* 1. Or il est évident que dans ce mouvement, les horizontales et les verticales ne sont point altérées dans leur véritable grandeur ; d'où il résulte que si, sur cette figure, on exécute des constructions géométriques, les résultats auxquels on arrivera seront tels *que les droites qui représentent les horizontales et les verticales seront dans leur vraie grandeur ;* il en résultera que si l'on relève ces verticales en les faisant tourner autour de leur pied sur le sol, on aura la même figure que celle qu'on aurait obtenue en exécutant ces constructions géométriques dans l'espace. Nous ferons, à l'avenir, usage de ce mode de géométrie descriptive qui ramène toutes les constructions de l'espace à de simples opérations dans un plan.

Nous emploierons simultanément et en regard

les *fig.* 1 et 2 et toutes les fois que nous le croirons nécessaire à l'intelligence de la construction.

Nous désignerons généralement, dans tout le cours de l'ouvrage, les points du sujet par les lettres de l'alphabet, et par les mêmes lettres mais accentuées, les points correspondants de la perspective-relief.

DIVISION DE L'OUVRAGE.

Nous diviserons cet ouvrage en deux parties : La première sera consacrée à l'exposé des diverses méthodes qu'on peut employer pour obtenir la perspective-relief d'un sujet donné. Dans la deuxième, nous ferons des applications de ces méthodes à divers genres de construction.

PREMIÈRE PARTIE.

DES DIVERSES MÉTHODES DE CONSTRUCTION DE LA PERSPECTIVE-RELIEF D'UN SUJET.

Nous entendons par perspective-relief d'un sujet donné, une figure ayant comme ce sujet les trois dimensions, et offrant la même apparence pour un point de vue choisi convenablement; elle doit donc satisfaire à cette condition que les rayons visuels menés de l'œil aux différents points du sujet passent par les points correspondants de cette figure ; mais il faut en outre, comme nous l'avons fait remarquer tout à l'heure, qu'à des points en ligne droite dans le sujet correspondent des points en ligne droite dans la perspective ; par suite à des points situés dans un même plan, correspondront des points situés également dans un même plan ; alors la perspective-relief d'une figure donnée sera non-seulement la représentation exacte de cette figure pour le point de vue choisi , mais encore en sera une représentation très-satisfaisante pour les lieux environnant le point de vue et où l'on peut naturellement se placer pour l'examiner.

D'après cette définition, nous pouvons poser sur une figure le problème géométrique à résoudre pour obtenir la perspective-relief d'un sujet donné.

Concevons, *fig.* 1, un cône dont le sommet est en V et dont la base est le rectangle $T^1T^2T^3T^4$. Supposons-le prolongé indéfiniment. Admettons un sujet quelconque posé sur le sol et contenu tout entier dans ce cône, commençant ainsi au plan T et pouvant s'étendre jusqu'à l'horizon, au ciel, à l'infini. Il s'agit de construire une autre figure à trois dimensions, qui pour le point V offre la même apparence et qui soit renfermée et limitée entre ce premier plan T et un autre plan I qui lui est parallèle, et cette figure doit être telle qu'à un point quelconque *a*, (*fig.* 3) du sujet corresponde dans la deuxième figure un point *a'* situé sur le rayon visuel V*a a'* ; qu'à une droite quelconque L de la première figure corrsponde une droite L' dans la deuxième et comprise dans le plan perspectif VLL'. Enfin qu'à un plan Q corresponde un autre plan Q'. La figure qui satisfera à ces conditions sera une représentation exacte pour le point V, mais encore sera, je le répète, une représentation très-satisfaisante pour les points environnants ce point de vue.

Pour obtenir la perspective-relief d'une figure, quelque compliquée qu'elle soit, il est évident qu'il suffit de savoir déterminer celle d'un point, d'une droite, d'un plan. Nous allons commencer par résoudre ces problèmes élémentaires que nous ferons suivre de quelques exemples sur des sujets très-simples.

Il sera d'abord facile d'avoir, *fig.* 3 et 4, la pers-

pective-relief d'une droite telle que *am*. En effet,
nous avons dit que le plan T était le commencement du sujet et de la perspective-relief, c'est donc
un plan commun aux deux figures ; ainsi le point *m*
où cette droite *am* rencontre ce plan T est sa propre
perspective, donc c'est un point de la droite cherchée. Il suffit maintenant d'en avoir un second. Or
chaque point de la droite *am* doit avoir sa perspective-relief en un point de la droite cherchée *a'm* ;
mais parmi ces points de *am* il y en a un situé
à l'infini, c'est-à-dire qui se trouve sur le rayon
visuel V*r* mené par le point de vue V parallèlement
à *am*. De plus, nous avons dit que le plan I était
celui qui limite la perspective-relief, c'est-à-dire
qui contient la représentation de tout ce qui dans
le sujet est à l'infini ; il doit donc renfermer la représentation du point de la droite *am* qui est à l'infini ; donc le point *r* d'intersection de ce plan et du
rayon visuel V*r* parallèle à *am*, sera ce point, qu'on
appelle le point de fuite des droites ayant la direction de *am*. Il en résulte donc que la droite *mr* qui
joint le point *m*, trace de *am* sur le plan T, et celui
r qui est son point de fuite, sera la perspective-relief de *am*.

Nous remarquerons que la droite dirigée de *m*

vers *a*, qui dans le sujet s'étend à l'infini, est représentée en perspective-relief par une droite finie *mr*,
commençant à la trace de cette droite *m* et finissant
à son point de fuite *r*.

La perspective-relief d'une droite étant la ligne
qui joint sa trace à son point de fuite déterminé,
comme nous venons de le dire, il s'en suit que
toutes les droites parallèles auront le même point
de fuite, d'où ce premier principe que toutes les
droites parallèles ont pour perspective-relief des
droites concourant en un même point situé sur le
plan I.

Il s'en suit encore que toutes les droites parallèles au rayon principal VO, c'est-à-dire perpendiculaires au tableau, ont pour point de fuite le
point O d'intersection de ce rayon principal VO et
du plan I. Si du point O comme centre avec un
rayon égal à VO, on décrit une circonférence, elle
sera le lieu des points de fuite de toutes les droites
inclinées de 50° sur le tableau. Si ces droites sont
en même temps horizontales, les deux points de
fuite seront les deux points où cette circonférence
coupera la ligne d'horizon HH. Toutes les verticales
du sujet seront des verticales. Enfin des horizontales auront pour perspective-relief, des droites

concourant en un point de la ligne d'horizon.
A des droites parallèles au tableau T, correspondront des droites respectivement parallèles à celles
du sujet.

Sachant déterminer la perspective-relief *mr*
d'une droite *ma*, on voit que celle d'un point *a*
de cette droite sera à l'intersection *a'* de *mr* perspective-relief de *ma* et du rayon V*aa'*. D'après cela,
pour déterminer la perspective-relief d'un point
isolé, il suffira de faire passer par ce point deux
droites quelconques, et leurs perspectives-reliefs
donneront par leur intersection celle du point
donné. Comme en perspective plane, on sim-
plifiera les constructions en prenant pour ces deux
droites : 1° Celle parallèle au rayon principal V O
qui aura ainsi pour point de fuite le point O ; et
2° une droite horizontale inclinée de 50° sur le tableau, et qui aura pour point de fuite un des deux
points situés sur la ligne d'horizon à une distance
de O égale à VO, points qu'on peut appeler aussi
des points de distance.

La perspective-relief d'un plan pourrait s'obtenir par celle de deux droites contenues dans ce
plan ; mais il est mieux d'agir comme pour une
droite. On prolonge le plan donné de manière à

avoir sa trace sur le tableau T. Si par le point V,
on mène ensuite un plan parallèle à celui considéré, son intersection avec le plan I contiendra
les points de fuite de toutes les droites contenues
dans ce plan ; ce sera donc sa ligne de fuite. Alors
la perspective-relief sera une portion de plan commençant à sa trace ci-dessus sur le plan T et finissant à sa ligne de fuite contenue dans le plan I.

Il résulte de là qu'à des plans parallèles correspondent des plans ayant même ligne de fuite ; par
suite, à des plans horizontaux correspondront,
dans la perspective-relief, des plans ayant pour
ligne de fuite la ligne d'horizon. C'est ainsi que
le plan S du sol aura pour perspective-relief une
portion limitée de plan, commençant à la ligne
de terre $T^1 T^2$ et finissant à la ligne d'horizon
HH'. — Si, au contraire, le plan considéré avait
pour trace la droite $T^3 T^4$ qui limite supérieure-
ment le cadre du tableau comme le plafond d'une
salle, sa perspective-relief commencerait à cette
droite $T^3 T^4$ et finirait à la même ligne de fuite HH'.

A des plans verticaux, parallèles à VO, correspondraient des portions de plan commençant chacun à leur trace respective et finissant à la verticale
du point O.

A des plans inclinés de 50° sur le tableau correspondraient des plans ayant pour lignes de fuite des tangentes au cercle qui contient les points éloignés de O de la distance VO.

On remarquera, de même que pour les droites, la perspective-relief, d'un plan indéfini, est une portion limitée de plan commençant à sa trace et finissant à sa ligne de fuite.

Observons de nouveau que les constructions indiquées en perspective, *fig.* 3, sont répétées en rabattement, *fig.* 4, où les mêmes lettres indiquent les mêmes points. Dans cette deuxième figure, les résultats sont plus faciles à obtenir ; mais il est nécessaire ensuite de supposer que tous les plans I, T..., et les verticales de chaque point sont relevés en tournant autour de leur trace respective.

Soit, *fig.* 3 et 4, ab une verticale du sujet ; b est son pied sur le sol S. La perspective-relief de cette droite sera une verticale $a'b'$, limitée aux rayons visuels $Va'a$, $Vb'b$. Il en résulte que le point b', perspective-relief de b, n'est pas sur le plan S, mais bien sur la perspective-relief de ce plan déterminée par la ligne de terre et la ligne d'horizon.

Si l'on joint le pied *b* de la verticale *ab* avec le pied P de celle VP, il est évident que la droite P*b* sera, sur le plan S, la trace d'un plan vertical passant par les deux droites *ab*, VP, donc le point *s*, d'intersection de *a'b'* avec P*b*, sera le pied de cette verticale sur le plan S ; c'est donc autour de ce point *s* qu'il faut faire tourner la verticale *a'b's*, pour la ramener à sa véritable position. Il en sera de même pour toute autre verticale.

On peut obtenir la perspective-relief d'une droite par un autre procédé que celui indiqué ci-dessus.

Soit, *fig.* 5 et 6, une droite quelconque *ab* dont on veut avoir la perspective-relief. Cette droite a pour trace, sur le plan T, le point *c*. Si par V on mène V*e* parallèle à *a b*, elle aura pour trace sur le plan I, le point *e* qui sera le point de fuite de cette droite ; ainsi, par la première méthode, la droite *ce* qui joint les points *c* et *e*, serait la perspective-relief de *ab*. Si par V on tire la droite V*d* parallèle à *ce*, elle sera dans le même plan que celle *a b*, et la rencontrera en un point *d* de son prolongement ; de sorte qu'on aura le parallélogramme *ce*V*d* ; or, remarquons que quelle que soit la droite *ab*, sa trace *c* étant sur le plan T et son point de fuite *e* sur le plan I, ces plans T et I étant parallèles, il en résulte que, le point V étant fixe, le point *d* sera toujours sur un plan J parallèle à celui V, et éloigné de lui de la même distance qui sépare le plan T de celui I; de sorte que ce plan J étant déterminé d'avance, on aura le point *d* de la trace de *ab* sur ce plan. On connaîtra donc V*d* qui doit être parallèle à la droite cherchée *ce*; mais comme le point *c* est aussi connu, il s'en suit que si l'on mène par *c* une parallèle *ce* à V*d*, cette droite sera la perspective-relief de *ab*.

Il résulte de cette considération que toutes les droites du sujet, qui iront passer par un même point *d* du plan J, auront pour perspective-relief des droites parallèles.

Si le point *d* était sur le plan J en Q sur le rayon principal QVO, toutes les droites du sujet qui passeraient par ce point Q, deviendraient en perspective-relief des parallèles à Vo, c'est-à-dire des perpendiculaires au plan T.... Cette observation nous sera utile *et donnera lieu à une méthode particulière.*

Ce que nous venons de dire pour des droites s'étendra à des plans. Ainsi la perspective-relief d'un plan peut s'obtenir en déterminant d'abord ses deux traces sur les plans T et J. Ensuite, par V et cette trace sur le plan J, on mène un plan; puis, par la trace sur le plan T, on mène un plan parallèle, ce sera le plan cherché. Sachant déterminer par ce procédé la perspective-relief d'une droite, d'un plan, on saura déterminer celle d'un point quelconque et par suite d'un sujet.

Le procédé que nous venons d'indiquer donne le moyen de retourner d'une perspective-relief au sujet. En effet, que par le point V on mène une droite parallèle à une de celles de la perspective-relief, elle rencontrera le plan J en un point tel que *d*. Si de plus, on détermine le point *c*, où la droite *ce* de la perspective-relief perce le plan T, il s'en suivra que la droite *dcab* sera celle du sujet dont la perspective-relief était *ce*.

On voit ainsi que le plan J joue, par rapport à la perspective-relief, le même rôle que celui I relativement au sujet, c'est-à-dire qu'il contient les points du sujet qui sont la représentation de ceux qui dans la perspective-relief sont à l'infini.

Ainsi on peut conclure que deux figures construites par l'un des deux procédés, sont des perspectives-reliefs réciproques l'une de l'autre, et on voit, par les constructions, qu'à un point de l'une ne correspond qu'un seul point de l'autre; à une droite, une seule droite; à un point, un seul point; d'où, par conséquent, à une figure ne peut correspondre qu'une seule figure qui en soit la perspective-relief.

On peut résumer ainsi, d'une manière générale, les relations descriptives qui existent entre deux figures, perspectives-reliefs, réciproques l'une de l'autre.

1° A un point, une droite, un plan de l'une des deux figures, correspond dans l'autre respectivement un seul point, une seule droite, un seul plan. Et les droites qui joignent deux à deux les points homologues, vont passer par un même point qui est le point de vue.

2° Les droites, les plans homologues des deux figures se coupent sur un même plan T.

3° A des droites ou des plans parallèles dans l'une des figures, correspondent dans l'autre des droites, ou des plans concourant sur un plan I ou J, parallèle à celui T.

Entre deux figures perspectives-relief réciproques, il existe des relations de longueurs fort intéressantes au point de vue géométrique; mais

comme elles ne sont pas indispensables au sujet
que nous traitons, nous les indiquerons seulement en note.

DE DIVERSES MÉTHODES PRATIQUES DE PERSPECTIVE-RELIEF.

Nous allons exposer quelques-unes des méthodes

(1) Entre deux figures perspective-relief réciproques il existe
les relations métriques suivantes :

1° A quatre points a, b, c, d sur une même droite correspond
non-seulement quatre points a', b', c', d' sur une autre droite,
mais il existe encore entre les segments formés par ces points l'é-
galité des rapports suivants, que M. Chasles a nommé le rapport
anharmonique des quatre points

$$\frac{ab}{ac} : \frac{db}{dc} = \frac{a'b'}{a'c'} : \frac{d'b'}{d'c'}$$

2° A quatre droites A, B, C, D dans un même plan et passant
par un même point correspond non-seulement quatre droites dans
un autre plan et passant aussi par un même point, mais entre les
sinus des angles de ces droites, il y a la même égalité entre les
rapports anharmoniques

$$\frac{\sin AB}{\sin AC} : \frac{\sin DB}{\sin DC} = \frac{\sin A'B'}{\sin A'C'} : \frac{\sin D'B'}{\sin D'C'}$$

3° A quatre plans ABCD passant par une même droite correspond quatre plans passant aussi par une même droite, et tels que
l'égalité des rapports ci-dessus existe entre les sinus des angles
de ces plans.

pratiques que l'on peut employer pour obtenir la perspective-relief d'un sujet donné.

Première méthode.

Un sujet est donné en plan et élévation. Les plans T et I et le point de vue V sont choisis convenablement ; on demande sa perspective-relief.

1° Prolongez toutes les droites et plans du sujet de manière à avoir leurs tracés sur le plan T ;

2° Par le point de vue V, menez des droites et des plans parallèles aux droites et aux plans de ce sujet, et prolongez-les jusqu'à leur rencontre avec le plan I, vous aurez les points de fuite de ces droites et de ces plans ;

3° Joignez les traces des droites et des plans à leur point ou droite respective de fuite, et par les intersections de ces diverses droites et plans, vous aurez la figure cherchée.

Application.

Soit *fig.* 7 et 8, un parallélipipède $aa_1 bb_1 cc_1 dd_1$ dont la base est sur le plan horizontal S, soit les plans

T et I posés convenablement comme l'indiquent les *fig*. 7 et 8, par rapport à ce parallélipipède ; soit de même V la position du point de vue ; on demande donc la perspective-relief de ce parallélipipède de manière à être comprise entre ces deux plans T et I.

On voit que dans la *fig*. 7, les plans T, I, le parallélipipède et le point de vue sont représentés en perspective ordinaire, de manière à en faire voir les positions respectives.

Dans la *fig*. 8 au contraire, les plans T, I, le parallélipipède et le point de vue sont représentés rabattus comme nous l'avons indiqué, de sorte qu'on peut suivre à volonté les constructions sur les deux figures.

1° Prolongeons les côtés de la base $a_1b_1c_1d_1a_1d_1b_1d_1$ jusqu'à leur rencontre avec la ligne de terre T^1T^2, aux points $i_1j_1f_1h_1$; en ces points élevons des verticales, lesquelles sont rencontrées respectivement aux points $i_1j_1f_1h_1$ par le prolongement des arêtes supérieures ab, cd, ad, db.

2° Par V, menons les horizontales Vd, Vg, parallèles aux deux systèmes de droites parallèles formant les arêtes du parallélipipède ; elles rencontrent la ligne d'horizon HH_1, et par conséquent le plan I en des points d et g qui sont ainsi les points de fuite de ces deux directions.

3° Joignons ensuite les points tracés i, i_1, j, j_1, avec d et ceux f, f_1, h, h_1, au point g. On obtiendra par les intersections respectives de ces deux espèces de droites, la figure $a'a'_1 b'b'_1 c'c'_1 d'd'_1$ pour la perspective-relief de celle $aa_1 bb_1 cc_1 dd_1$.

Cette méthode, déjà très-simple, exige qu'on fasse le plan du sujet comme dans la *fig.* 8.

Il est encore à remarquer que dans la *fig.* 8, $a'a'_1 b'b'_1 c'c'_1 d'd'_1$, est la perspective-relief cherchée, mais rabattue sur le plan S. Pour l'obtenir dans sa véritable grandeur et dans sa position, il est nécessaire de relever chaque verticale autour de son pied sur le plan S du sol, or, les points a', b', c', d', qui forment la base de la perspective, sont, comme nous l'avons indiqué, sur la perspective-relief du plan S, ce n'est donc pas autour de ces points qu'il faut faire tourner les verticales. Pour avoir les pieds des verticales, projetons les points d et g qui sont sur IIII, dans le plan I, sur $I^1 I^2$, qui est la trace de ce plan I sur celui S, aux points d_1, g_1; alors on joint i et j à d; f et h à g; prolongeons ensuite les verticales $a'a'_1$, $b'b'_1$, $c'c'_1$, $d'd'_1$, jusqu'à leur rencontre $α, ϐ, γ, ծ$ avec ces droites, alors la figure $α ϐ γ ծ$

sera la projection orthogonale de la perspective-relief sur le plan S, et les points $\alpha, \varsigma, \gamma, \delta$, seront les pieds des verticales autour desquels doivent tourner les verticales $a'a'_{,\alpha}, b'b'_{,\varsigma}, c'c'_{,\gamma}, d'd'_{,\delta}$; car, en effet, les droites id, jd, fg, hg, sont les traces sur le plan S des plans $aa'\,bb'$, $cc'\,dd'$, $aa'\,dd'$, $bb'\,cc'$, qui limitent cette perspective-relief.

Deuxième méthode.

Si on examine attentivement la figure plane $a'a'_{,}b'b'_{,}c'c'_{,}d'd'_{,}$, et les constructions faites pour l'obtenir, on voit que cette figure est une perspective plane du sujet sur le plan T rabattu, et dans laquelle la droite $T^1\,T^2$ est toujours la ligne de terre et $HH_{,}$ la ligne d'horizon, et V le point de vue, de sorte que la distance de V à $HH_{,}$ serait celle qui sépare ordinairement le point de vue du tableau, distance qui est ici celle du point V au plan I; et en outre, la distance entre HH^1 et $T^1\,T^2$, qui en perspective plane représente la hauteur du point de vue au-dessus du sol, serait ici égale à la distance du plan T à celui I augmentée de la hauteur VP du

point de vue au-dessus du plan S ; ainsi nous en
concluerons que la perspective-relief d'une figure
donnée peut s'obtenir en déterminant sa perspective plane sur le plan T, en prenant pour ligne
d'horizon, une parallèle à la ligne de terre éloignée
de cette droite de la distance qui sépare le plan T
de celui I, augmentée de la hauteur VP du point
de vue au-dessus du sol, et en prenant ensuite pour
point de vue un point V sur VO à une distance VO
égale à celle qui sépare le point V du plan I.

Ce résultat remarquable permet donc d'employer
toutes les méthodes connues de la perspective
plane pour arriver à la perspective-relief.

Il n'est pas même nécessaire d'avoir les plans
du sujet, comme pour la première méthode.

On veut construire par exemple, *fig.* 9, entre les
deux plans verticaux T et I, et pour le point de
vue V, la perspective-relief d'un bâtiment dont les
dimensions sont les suivantes : largeur *ad* = 6ᵐ,
profondeur de 4ᵐ. Le côté *ab* fait avec le tableau
un angle de 58°, et l'autre 42°. Le point *a*, un des
sommets, est situé à droite du plan vertical P, de
2ᵐ, et à une profondeur de 2ᵐ ; sa hauteur au-dessus du sol est de 3ᵐ. Enfin le sommet *s* du toit est

élevé au-dessus du sol de 6^m. Telles sont les données de la question avec lesquelles on construi-
rait facilement le plan géométrique comme dans la
fig. 8. Mais nous allons voir qu'on peut s'en passer
et construire avec elles immédiatement la perspective-relief cherchée.

Pour avoir la perspective plane d'une figure donnée, on peut employer les échelles de perspective
ou s'en passer. Opérons des deux manières.

1° Sur T' T^2 prolongé, à partir de son milieu O,
on porte à droite et à gauche les unités métriques ;
cette première division peut avoir avec le mètre
toutes les proportions possibles.

2° Joignant les points 5, 6, 7, 8, avec le point H
on aura l'échelle de perspective des horizontales
et verticales, ou pour mieux dire, de toutes les parallèles au tableau.

3° Du point O comme centre avec OV pour rayon
décrivant une circonférence, on déterminera sur
HH, les points de distance DD,.

4° Le point O étant censé ramené en H, on rapproche les points D et K, de manière que DK, OH.
On joint les points, 5, 6, 7 avec K ; ces droites

coupent les côtés T₁H en des points qui forment l'échelle de perspective des profondeurs.

Cherchons maintenant la perspective-relief du point *a* dont la distance au Plan P est de 2^m, celle au plan T de 2^m et celle au plan S de 3^m.

On peut opérer avec, ou sans les échelles de perspective; 1° avec les échelles. — Puisque le point *a* est à la profondeur de 2^m, sa projection sur le plan S de la base sera sur une horizontale menée par le point 2 de la division de l'échelle des profondeurs qui est tracée sur le côté T'H.

Ce point *a* est a une distance de 2^m du plan principal P, donc, si sur l'horizontale ci-dessus, à partir du point où elle rencontre la droite VO, nous portons, vers la droite, la distance de 2^m prise à l'échelle des parallèles au tableau, nous aurons le point a₁ pour la projection du point *a* cherché.

En a₁ élevant une verticale de 3^m prise à l'échelle des parallèles au tableau, on aura le point *a* cherché.

2° Sans échelles. — Le point *a* étant situé à droite du plan P, le point a₁ sera donc sur la droite 20 passant par la division 2. Si on joint le point zéro à celui D, cette droite coupera 20

au point a_i. Sur oO, à partir de o portant 3^m
et joignant le point ainsi déterminé avec D,
cette droite remontera la verticale aa_i au point
a cherché.

Sachant trouver la perspective d'un point, on
pourrait trouver de même celles de tous les autres et par suites celles des droites; mais il est
préférable de se servir de points de fuite de ces
droites.

Par V menons Vd faisant avec HH_i un angle
de 58^g et Vg un angle de 42^g. Les points d et g
seront les points de concours ou de fuite des
directions de droite et de gauche.

Joignant a et a_i avec d et avec g et nous aurons les directions ab, a_ib_i, ad, a_id_i des arêtes du bâtiment.

Si du point d comme centre avec dV pour
rayon on décrit une circonférence, elle déterminera sur HH_i le point l qui sera le point de concours des *cordes* relatives à la direction de droite.
De même, de g comme *cordes* avec gV pour
rayon, on déterminera l_i pour celui des cordes
de gauche.

Si, sur l'horizontale passant par a_i on porte
à droite 4^m pris à l'échelle de perspective relative,

et qu'on joigne l'extrémité ainsi déterminée à l_1, cette droite coupera celle a_1d au point b_1, tel que a_1b_1 représentera 4^m. En portant de même 6^m à gauche du point a et joignant l'extrémité à l on déterminera le point d tel que a_1d_1 représentera 6^m.

Joignant b_1 à g et d_1 à d, on aura la figure $a_1b_1c_1d_1$ pour la base du bâtiment. Élevant à chaque angle des verticales, on déterminera la base du toit.

Le sommet sera sur la verticale élevée au point s_1 intersection des deux diagonales a_1c_1 b_1d_1 à une hauteur de 6^m prise à l'échelle et relative à ce point s.

Nous sommes entrés dans trop de détails de construction pour ceux qui connaissent la perspective, ceux qui l'ignorent doivent consulter les ouvrages nombreux qui existent sur ce sujet.

Nous observerons que lorsqu'on aura exécuté la perspective *plane* du sujet, pour passer à la perspective *relief*, il faudra faire tourner chaque verticale autour de son pied sur le plan S et non autour des points respectifs a_1, b_1, c_1, d_1 qui sont les pieds des arêtes verticales de ce bâtiment sur la perspective relief de sa base; il faudra donc déterminer, comme ci-dessus, les points $\alpha, \beta, \gamma, \delta$, ou ces verticales percent ce plan S.

Troisième méthode.

D'après les constructions indiquées dans les méthodes précédentes, on voit que la figure $\alpha\beta\gamma\delta$ située sur le plan S, est précisément la projection horizontale de la perspective - relief cherchée, et de plus *fig.* (9) que cette projection horizontale et la perspective plane de la projection horizontale du sujet lui-même; perspective faite sur un plan $T^1T^2I^1I^2$ pour laquelle la droite I^1I^2 serait la ligne d'horizon et T^1T^2 la ligne de terre, et P projection horizontale de V, serait le point de vue. Ainsi nous arrivons à ce résultat important que connaissant la projection horizontale du sujet, on peut obtenir *à priori*, la projection horizontale de la perspective-relief cherchée. Si maintenant par chaque point de cette projection on élève des verticales, il suffira de savoir déterminer la longueur de chacune d'elles en perspective-relief pour avoir la perspective-relief du sujet. D'abord il faut obtenir les points où ces verticales percent la perspective-relief du plan de la base du sujet; or nous avons déjà observé que cette perspective-relief de la base est une portion de surface plane comprise entre la ligne de terre T^1T^2 et la ligne d'horizon HH_1. Prenons un plan auxiliaire vertical passant par T^1I^1 *fig.* (10) et rabattons ce plan sur celui S en tournant à droite autour de sa trace; décrivons du point I^1 comme centre avec I^1H une circonférence, elle déterminera sur l'horizontale I^1I^2 le point q et la droite T^1q représentera le tracé, sur ce plan auxiliaire rabattu, de cette perspective-relief du plan de la base. Si par les points a, β, γ, δ on mène des horizontales, la partie de chacune d'elles, comprise entre T^1I^2 et T^1q sera la hauteur respective de chacune de ces verticales comprises entre le plan S et sa perspective-relief. On aura donc ainsi la base $a_1b_1c_1d_1$ de la perspective-relief du bâtiment; prolongeant toutes ces verticales et portant à partir de chacun des points a_1, b_1, c_1, d_1, les hauteurs perspectives des arètes du bâtiment prises à l'échelle (tracé *fig.* (10) à droite), on obtiendra les points $a, b, c, d,$ formant la base du toit de l'édifice. Ainsi, soit s_{11}, l'intersection des deux diagonales $a\gamma, \beta\delta$ et par conséquent la projection du sommet S de l'édifice. Traçons l'horizontale $s_{,,}$, 1. 2.. 6. La partie comprise entre T'I' et T'q sera la hauteur $s_{,}s$, qui donnera ainsi le pied $s_{,,}$, de la verticale abaissée du sommet sur la base de l'édifice et la longueur, comprise entre le point un et celui six sur cette horizontale, portée de $s_{,}$, en s sur la verticale donnera ce sommet s.

Ainsi en résumé, cette méthode consiste à obtenir d'abord la perspective plane de la projection horizontale du sujet, comme nous l'avons indiqué, et on a la projection horizontale de la perspective-relief, puis en élevant des verticales, dont on détermine facilement les longueurs, on obtient la perspective-relief du sujet.

On remarquera que si le sujet eût été donné au moyen de sa projection horizontale et de ses verticales rabattues sur le plan de la base comme nous l'avons indiqué, en opérant comme nous venons de le faire dans cette méthode, on aurait obtenu la perspective plane de tout le sujet sur le plan de la base, de sorte qu'il n'y aurait eu qu'à relever chaque point au moyen de la droite T'q, sans avoir besoin de l'échelle des parallèles au tableau.

La méthode que nous venons d'exposer, me semble excessivement simple et très-commode à employer.

Quatrième méthode.

Il résulte évidemment de la troisième méthode que nous venons d'exposer, que le sujet et sa perspective-relief étant projeté sur le plan horizontal, les deux figures qui en résultent sont des perspectives planes réciproques l'une de l'autre, ramenées dans un même plan, ce qui, suivant M. le général Poncelet constitue deux figures homologiques, dont le centre d'homologie est la projection du point de vue V et l'axe d'homologie est toujours la ligne de terre. Mais remarquons que ce résultat ne s'applique pas seulement à une projection sur le plan horizontal, qu'il convient à toute projection, du sujet, de sa perspective-relief et du point de vue, sur tout autre plan, pourvu qu'il soit perpendiculaire au plan T. Ainsi concevons le plan vertical passant par $V^s I^s$ et rabattu à gauche (*fig.* 10), en le faisant tourner autour de sa trace horizontale; le point de vue se projetera en V_t et les deux projections verticales du sujet et de sa perspective-relief seront des perspectives planes l'une de l'autre, pour le point de vue V, et ayant pour ligne de terre, ou axe d'homologie, la droite V^aI^2.

Ainsi, il en résulte cette quatrième méthode.

Déterminer d'abord les projections horizontales et verticales du sujet sur les deux plans rectangulaires ci-dessus, ainsi que les projections du point de vue, construire après cela, les perspectives planes de ces deux projections, comme nous venons de l'indiquer, et ces deux perspectives planes seront les deux projections octogonales de la perspective relief cherchée.

Cinquième méthode.

Supposons que nous ayons déterminé (*fig.* 11), sur le plan T et pour le point de vue V la perspective plane αδγδειϚγιϚι du sujet précédent. T^1T^2 sera la ligne de terre; une droite (II) (II,) menée parallèle à T^1T^2, à une distance égale à la hauteur VP de l'œil au-dessus du sol sera la ligne d'horizon. Sur cette droite, les points $d_{,,}$ et $g_{,,}$ seront les points de fuite des directions horizontales de droite et de gauche de l'édifice. Les points i, $i_,$, j, $j_,$, f,

f_1, h, h_1 seront les traces des diverses droites du sujet sur le plan T. Admettons maintenant que ce plan T, qui dans cette perspective-plane contient et les traces et les points de fuite de toutes les droites du sujet, soit composé de deux plans superposés, l'un contenant les traces qui restent fixes et l'autre les points de fuite ; le premier sera donc le plan désigné par T et le second le plan I et supposons que ce plan I s'éloigne du plan T parallèlement à lui-même ; dans ce mouvement les divers points de fuite s'éloigneront du centre O proportionnellement à la distance de ce plan I au plan T ; ainsi, par exemple, si le plan I vient à avoir pour trace la droite $I'I^2$, ses points de fuite d_{11}, g_{11} deviendront ceux d et g sur les mêmes rayons visuels $Vd_{11}d$, $Vg_{11}g$ et sur la nouvelle ligne d'horizon HH_1, de manière qu'on aura $dO : d_{11}o_{11} :: VO : Vo_{11}$ et $gO : g_{11}o_{11} :: VO : Vo_{11}$; de sorte que si on connaissait sur le plan T, les distances $d_{11}o_{11}$ $g_{11}o_{11}$, on aurait par cette proportion les distances dO, gO pour chaque position du plan I.

Si, après cela, on joint les traces sur le plan T qui n'ont pas changées avec les points de fuite respectifs ainsi déterminés, on aura pour chaque position du plan I une figure formée par ces droites et qui sera une perspective-relief du sujet donné.

Il est à remarquer, dans cette méthode, qu'à mesure que le plan I s'éloigne de celui T, l'épaisseur du relief de la figure augmente; lorsque ces deux plans se confondaient, elle était nulle et lorsque le plan est infiniment éloigné du plan T, la figure qu'on obtient est la ronde bosse du sujet : on voit en effet dans ce cas, que lorsque ce plan I est à l'infini, les points de fuite d et g déterminés par les rayons visuels Vd, Vg, sont aussi situés à l'infini; donc les droites qui partent des traces sur le plan T et dirigées vers ces points, sont parallèles à celles Vd, Vg, et par conséquent à celles respectives du sujet; la figure construite ainsi, sera une figure semblable à celle donnée.

Cette observation nous fait voir les passages successifs d'une perspective plane à une perspective relief, d'une épaisseur de plus en plus grande, à mesure que le plan I s'éloigne du plan T, et enfin à une ronde-bosse, lorsque ce plan est à l'infini.

Par cette méthode, on peut donc résoudre ce problème intéressant : « Transformer un tableau en une perspective-relief, correspondante à une position donnée du plan I. »

Sixième méthode.

Les propriétés du plan J vont nous conduire à une nouvelle méthode de perspective-relief.

Prenons dans le plan J (fig. 12 et 13), un point quelconque K, comme un point de vue auxiliaire. Soit *k* la perspective plane sur le plan T d'un point quelconque *a*, prise de ce point K. Si par ce point *k* on mène la parallèle *ka'* à la droite KV, qui joint K à V, cette droite *ka'* contiendra évidemment la perspective-relief *a'* du point *a;* de plus, ce point *a'*, devant se trouver sur le rayon visuel V*aa'*, il sera à l'intercession de ces deux droites.

Si dans le plan J on prend deux points de vue auxiliaires K et J², et qu'on détermine sur le plan T les deux perspectives-planes du sujet, pour ces deux points; puisque par chaque point de la perspective-plane déterminée pour le point K, on mène une parallèle à KV, et par les points correspondants de l'autre perspective, on mène des droites parallèles à J²V, les droites correspondantes donneront par leur intersection les points de la perspective-relief cherchée.

On peut même prendre sur ce plan J trois points,

tels que ceux $v_{,}$, $v_{,,}$, $a_{,,,}$ (fig. 14), et faire pour chacun d'eux la perspective-plane du sujet sur le plan T; alors les trois droites $Vv_{,}$, $Vv_{,,}$, $Vv_{,,,}$ seront des directrices; chaque point de la perspective-relief serait déterminé par trois parallèles à ces directrices, formant un angle solide, qui pourrait être un angle trirectangle, si on avait choisi les trois points $v_{,}$, $v_{,,}$, $v_{,,,}$, dans le plan J, de manière à former en V un angle trirectangle. On voit qu'on pourrait déterminer chaque point de la perspective-relief, au moyen d'un compas à trois branches susceptibles de s'allonger à volonté.

On peut donc définir cette méthode en disant que la perspective-relief d'un sujet donné est la résultante de trois perspectives-planes sur le plan T, prises de trois points de vue auxiliaires déterminés sur le plan J'.

La figure (14) est une application de cette méthode; le sujet est le même que celui des figures (7 et 8); $v_{,}$, $v_{,,}$, $v_{,,,}$ sont les points de vue auxiliaires.

On aurait pu encore considérer les trois plans $v_{,}Vv_{,,}$, $v_{,}Vv_{,,,}$, $v_{,,}Vv_{,,,}$ comme des plans directeurs, ayant pour trace sur le plan J' les droites $v_{,}v_{,,}$, $v_{,}v_{,,,}$, $v_{,,}v_{,,,}$. Si ensuite par chacune de ces droites et un point quelconque a du sujet on fait passer un plan, ces trois plan couperont le plan **T**, suivant trois droites $a^1a,^2$ $a^1a^3,$ a^2a^3 par lesquelles menant des plans parallèles aux plans directeurs ci-dessus, on obtiendra par leur intersection commune un seul et unique point a^1, situé sur le rayon visuel **V**aa^1 et qui sera la perspective-relief du point a.

Septième méthode.

Nous avons fait remarquer que toutes les droites du sujet passant par le point **Q** (fig. 15), intersection du rayon principal **VO** avec le plan **J**, devenaient en perspective-relief des parallèles au rayon principal **VO**, par conséquent des perpendiculaires au plan **T**; mais toutes les droites qui passent par **Q** peuvent être considérées comme les rayons visuels dirigés de ce point de vue **Q**, vers les points d'un sujet quelconque; d'où il résulte que les intersection de ces rayons visuels par le plan **T** donnent la perspective-plane de ce sujet sur ce plan, pour le point de vue **Q**; et puisque chacun de ces rayons visuels devient en perspective-relief une parallèle à **VO**, il en résulte que cette perspective-plane est précisément la projection orthogonale de la perspective-relief sur le plan T. Dans la troisième méthode, nous avons vu comment on déterminait la projection orthogonale sur le plan S, de cette même perspective-relief. Donc cette figure sera déterminée par ces deux projections, l'une sur le plan T, l'autre sur celui S.

Il en résulte ainsi cette septième méthode. — 1° Construire sur le plan T la perspective-plane du sujet pour le point Q; 2° Exécuter de même la perspective-plane de la projection du sujet sur le plan S, et qui, comme nous l'avons vu, est la projection horizontale de la perspective-relief et de ces deux figures planes, résultent la figure relief cherchée.

On remarque que cette perspective-plane du sujet sur le plan T, pour le point de vue Q, pourrait se transporter normalement sur le plan I qui lui est parallèle; de sorte qu'on aurait en regard, comme en géométrie descriptive, les deux projections de la perspective-relief (fig. 16).

Huitième méthode.

Toutes les méthodes précédentes reposent sur des considératons géométriques fort simples, d'une facile exécution ; cependant il est quelquefois préférable de recourir à des résultats numériques. Par exemple, lorsqu'il s'agit d'exécuter de très-grands bas-reliefs, comme sur les frontons de nos grands monuments, alors les constructions géométriques deviendraient pénibles et même souvent impossibles. Il sera, dans ces cas, plus commodes d'obtenir les points principaux de la perspective-relief par les simples distances de chacun de ces points à trois plans fixes : il va en résulter une huitième et dernière méthode de construire la perspective-relief d'une figure donnée.

Nous prendrons (fig. 17 et 18) pour les trois plans auxquels nous rapportons tous les points du sujet donné et de sa perspective-relief.

1° Le plan vertical passant par le rayon principal VO, plan que nous avons déjà désigné par P ;

2° Celui du tableau désigné par T ;

3° Celui horizontal passant par le rayon principal VO, désigné par H ; ces trois plans se coupent en un même point U (fig. 17 et 18).

Soit *a* un point quelconque du sujet et *a'* sa perspective-relief. Abaissons de ces deux points des perpendiculaires sur les trois plans ci-dessus. Désignons par x (fig. 18) la distance $a\gamma$ de ce point a au plan P ;

Par y (fig. 17 et 18) celle $aa\beta'$ de ce point à celui T ;

Et enfin par z celle $aa\beta'$ de ce point à celui H ; de même pour le point a' on désignera $a'\gamma'$, par x', $a'\beta$, par y', et $a'\alpha'$ par z'.

Rappelons que nous avons appelé D la distance VO du point de vue au plan I, qui est égale à celle du plan J à celui T. — Et par E la distance UO du plan T à celui I, distance égale à celle QV du plan J à celui V.

Le problème à résoudre est donc de trouver les valeurs numériques x', y', z' de ce qu'on appelle les coordonnées d'un point a' lorsqu'on connaît celles x, y, z du point a dont il est la perspective-relief.

Or, *fig.* (18) on a $\dfrac{a\gamma}{a\gamma_1} = \dfrac{Va}{Va'}$, de même *fig.* (17 et 18) $\dfrac{a z}{a\alpha_1} = \dfrac{Va}{Va_1}$ donc $\dfrac{x}{x^1} = \dfrac{z}{z^1} = \dfrac{Va}{Va_1}$.

Prolongeons la perpendiculaire $a\beta$ au plan T, jusqu'en d à son intersection avec le plan J ; la droite dV qui joint ce point à celui V est parallèle à celle $\beta a'$ qui joint le pied β de cette perpendiculaire, à celui a' perspective-relief de a (sur ce principe nous avons fondé une méthode) d'après cela, il en résulte qu'on a $\dfrac{Va}{Va_1} = \dfrac{da}{d\beta} = \dfrac{D+y}{D}$

et par suite $\dfrac{x}{x'} = \dfrac{z}{z'} = \dfrac{D+y}{D}$.

Si on joint le point Q à celui a par une droite Q$_3$,a elle passera par le pied β_1 de la perpendiculaire abaissée de a' sur le plan T (*c'est sur ce principe qu'est fondée la septième méthode*), il en résultera que QV est parallèle à $a'\beta_1$ et qu'ainsi dans le triangle dQV on aura $\dfrac{a'\beta_1}{QV}$ ou $\dfrac{y'}{E} = \dfrac{aa'}{Va}$ et comme $\dfrac{Va'}{Va} = \dfrac{a\beta}{ad} = \dfrac{y}{D+y}$ on aura $\dfrac{a'\beta_1}{QV} = \dfrac{y}{D+y}$ d'où $\dfrac{y'}{E} = \dfrac{y}{D+y}$.

On aura donc en définitif pour déterminer x', y', z' les trois équations

$$x' = x\,\frac{D}{D+y}$$

$$y' = y\,\frac{E}{D+y}$$

$$z' = z\,\frac{D}{D+y}$$

ainsi lorsqu'un sujet sera donné, on commencera d'abord par déterminer les valeurs de x, y, z pour chaque point et les formules ci-dessus donneront celles x', y', z' des points respectifs de la perspective-relief.

On remarquera que puisque $\frac{x}{x'} = \frac{z}{z'}$ toutes les droites parallèles au plan T, restent en perspective-relief des droites proportionnelles. Ainsi un cercle restera un cercle, etc.

Les méthodes de perspective-relief que nous venons d'exposer reposent, à l'exception de la première et de la dernière, sur des constructions de perspectives planes, de sorte que sachant déterminer la perspective plane d'un sujet, on sait construire sa perspective-relief. En supposant donc cette connaissance au lecteur, cela nous dispensera de donner les procédés décrits dans tous les traités de perspective, pour trouver les perspectives d'un cercle, d'une courbe, ou d'une figure quelconque. Nous ferons remarquer en effet que toute figure plane du sujet, devient aussi en perpective-relief, une figure plane, et que ces deux figures sont des perspectives planes réciproques l'une de l'autre; de sorte que, lorsqu'on a déterminé la perspective-relief du plan qui contient une figure, il suffit ensuite de déterminer sur ce plan, la perspective plane de cette figure, pour avoir sa perspective-relief.

On pourrait tirer de cette observation une autre méthode de perspective-relief, qui consisterait à mettre d'abord en perspective-relief, toutes les surfaces planes du sujet, et tracer sur chacun d'eux la perspective plane de la figure contenue dans le plan correspondant. Ou bien, supposer le sujet coupé par une suite de plans parallèles ou non; déterminer sur chacun son intersection avec le sujet; mettre chacun de ces plans en perspective-relief par les principes indiqués ci-dessus; puis enfin, tracer sur chacun d'eux la perspective plane de la figure contenue dans le plan correspondant.

Nous verrons, en effet, que c'est le moyen employé dans les décorations théâtrales, où les coulisses sont des plans parallèles contenant chacune une partie de perspective plane du sujet.

Considérations sur la limite en profondeur d'une perspective-relief.

Nous avons supposé, jusqu'ici, que le sujet donné commençait au plan T, et s'étendait en profondeur jusqu'à l'infini, et nous avons admis que sa perspective-relief devait commencer à ce même plan T, et se terminer à un certain plan I, parallèle à celui T, à une distance de ce plan prise arbitrairement. Dans la nature, les points qui sont à l'infini, sont ceux où sont censés se rencontrer les droites ou les plans parallèles, et ces points ou droites sont sur un même plan, représenté en perspective-relief, par celui désigné par I ; ce plan à l'infini dans la nature est donc un plan conçu plutôt que réel ; un sujet, quel qu'il soit, est bien loin d'aller jusque-là. Dans la perspective-relief, ce plan I existe réellement ; il est très utile pour la construction, mais en définitive ne peut figurer dans une perspective-relief, puisqu'on ne peut jamais avoir à représenter des points qui sont à l'infini ; il en résulte que quoique ce plan soit réel et fort utile, toute perspective-relief s'arrête ou finit à un autre plan F_1, intermédiaire entre ceux T et I, et qu'on suppose alors représenter un plan F du sujet, tous les deux parrallèles à celui T. — Ce sont les distances de ces plans au plan T, qui sont ordinairement données d'avance ; mais alors on voit que pour les constructions, il faut déterminer ce plan I qui doit représenter celui du sujet qui est à l'infini et sur la connaissance duquel reposent les méthodes exposées ci-dessus.

On peut résoudre ce problème de deux manières, soit géométriquement, soit numériquement.

Supposons par exemple, fig. (19 et 20) qu'un sujet donné commence au plan T, et se termine au plan F qui lui est parallèle, on désire avoir une représentation en perspective-relief, de cette partie du sujet comprise entre ces deux plans, et commençant au même plan T et finissant au plan $F_,$; il résulte de ces données que le plan $F_,$ est la perspective-relief de celui F'; par suite, les quatre sommets F^1, F^2, F^3, F^4 du rectangle qu limite ce plan, auront leurs perspectives-reliefs respectives, sur les rayons visuels VF^1, VF^2, VF^3, VF^4, et comme ils doivent aussi se trouver sur le plan $F_,$, qui est donné, ils se trouveront à leurs intersections en F'^1, F'^2, F'^3, F'^4 d'où résultera que les quatre horizontales parallèles T^1 F^1, T^2 F^2, T^3 F^3, T^4 F^4 seront représentées en perspective-relief, par les droites T^1 F'^1, T^2 F'^2, T^3 F'^3, T^4 F'^4 concourantes au point O du plan I; sachant de plus que ce plan I doit être parallèle à celui T, il en résulte que ce plan est ainsi déterminé.

On voit qu'une salle rectangulaire limitée entre les plan T, I aurait pour perspective-relief la figure T^1 T^1 T^3 T^3 F'^1 F'^2 F'^3 F'^4, formant un tronc de pyramide rectangulaire.

Connaissant maintenant le plan I, on voit que

toutes les méthodes précédentes peuvent être employées pour déterminer la perspective-relief.

A la rigueur, cependant, on pourrait se passer du plan I, car il suffirait, pour déterminer la perspective-relief d'un point du sujet, de mener par ce point deux droites quelconque, perçant chacune les plans T et F. Les points d'intersections avec le plan F seraient en perspective-relief sur le plan F, et sur le rayon visuel de ce point, donc il serait déterminé, et alors on aurait la perspective-relief des deux droites, qui par leur intersection donneront celle du point cherché. Quoique la détermination du plan I soit fort utile, on voit ainsi comment on peut s'en passer.

La seconde manière de déterminer le plan I est numérique, elle consiste à employer la formule $y' = y \dfrac{E}{D+y}$ qui sert à trouver la profondeur y' du point, qui est la perspective-relief d'un point dont la profondeur est y.

Dans le cas actuel, y' et y sont connues, et on cherche la valeur de E qui est la distance du plan I à celui T.

Dans cette formule, il faut remarquer que D désigne la distance du point V au plan I, distance qui est égale à celle de ce point V au plan T augmentée de la distance E, de ce plan T à celui I. Appelons D_i cette distance de V au plan T, nous aurons $D = D'_i + E$, et par suite

$$y' = y \frac{E}{D'_i + E + y} \text{ d'où } y' . D_i + y' E + y y' = y E$$

d'où on tire $E = y' \dfrac{y + D_i}{y - y'}$

formule facile à employer et qui donne la distance du plan I cherché, à celui T.

Des effets de lumière en perspective-relief.

Lorsqu'on a construit une perspective plane, si la direction des rayons lumineux est donnée, on sait déterminer la représentation de tous les effets d'ombre et de lumière, c'est ainsi qu'on construit géométriquement les lignes de séparation d'ombre et de lumière, au moyen desquelles on juge les parties qui sont éclairées et celles qui sont dans l'ombre, les ombres portées, les points brillants, etc. : Lorsqu'ensuite on a terminé le tableau en y ajoutant les couleurs, il n'exige plus pour produire son effet, que d'être éclairé par une lumière quelcon-

que; cette lumière ne changeant pas les effets indiqués sur le tableau, car celui-ci porte, comme on
dit, sa lumière et ses ombres.

En perspective-relief, il sera aussi très-facile de
déterminer les effets d'ombre et de lumière; car on
peut concevoir ces effets déterminés sur le sujet,
en faisant partie, et par conséquent leurs perspectives-reliefs se déterminant par les mêmes méthodes. On pourrait ensuite ajouter les couleurs des
corps et on arriverait à faire illusion, comme le
fait un tableau, illusion qui quelquefois serait plus
grande, comme les décorations théâtrales en sont
des exemples.

Il y a cependant une observation importante à
faire. Si on éclaire cette représentation par la lumière solaire, ou par tout autre lumière intense
partant d'un point, il arrivera que, sur cette figure
ayant du relief, cette lumière produira de nouveaux
effets différents de ceux tracés et donnés par la géométrie; car on voit que le sujet a été soumis à une
déformation perspective, tandis que ces nouveaux
rayons lumineux ne l'ont pas été. C'est un inconvénient grave auquel on ne peut remédier qu'en
éclairant chaque partie de cette perspective-relief

qui porte sa lumière et ses ombres, par une lumière diffuse faisant apercevoir les effets géométriques indiqués, comme cela se pratique dans les décorations théâtrales.

Dans les autres perspectives-reliefs, on supprime complètement la représentation des effets d'ombre et de lumière, on laisse à la lumière directe le soin de faire juger le modelé des surfaces représentées; mais encore dans ce cas, comme des ombres portées très intenses différeraient toujours de celles données par la géométrie, on est conduit à n'employer qu'une lumière diffuse pour éclairer une perspective-relief.

Nous allons faire voir que sur une perspective-relief on peut obtenir, par des constructions géométriques, les effets d'ombre et de lumière sans avoir besoin de supposer que ces effets sont déjà déterminés sur le sujet.

Les rayons lumineux, étant censés venir du soleil, peuvent être regardés comme étant tous parallèles; d'où il résulte qu'en perspective-relief ils auront un point de fuite situé sur le plan I. à son intersection avec une droite menée par V parallèle à la direction donnée des rayons lumineux. Pour déterminer ce point, supposons par exemple que la fig. (21), représente la perspective-relief d'un sujet éclairé par le soleil placé en avant du plan T, derrière l'observateur et à sa droite, et contenu dans un plan vertical faisant avec le plan T un angle donné, et admettons qu'on connaisse aussi, dans ce plan, l'inclinaison d'un rayon lumineux sur une horizontale.

Menons par V l'horizontale V*m*, faisant avec la ligne d'horizon ʜʜ, l'angle V*m*O égal à celui que le plan vertical ci-dessus qui contient le soleil, fait avec le plan T; on déterminera sur ʜʜ, le point *m*', et si par ce point on élève une verticale, cette droite sera la ligne de fuite de tous ces plans verticaux contenant le soleil; elle contiendra donc, le point de fuite cherché des rayons lumineux. Traçons ensuite la droite VM faisant avec celle V*m*, l'angle MV*m*, égale à l'inclinaison des rayons lumineux, et alors il est évident que le point M ou cette droite rencontrera la verticale M*m*, sera le point de fuite des rayons lumineux. Remarquons que ce point M sera au-dessous du point *m*' si, comme nous l'avons supposé, le soleil est en avant du plan T; il serait au contraire, au-dessus si le soleil était en avant du spectateur.

Remarquons que par suite de cette construction le point m' est le point de fuite de l'ombre des verticales sur la perspective-relief du plan S; perspective qui, comme nous l'avons dit, est représentée par la portion de plan comprise entre la ligne de terre $T^1 T^2$ et la ligne d'horizon HH.

Nous pouvons maintenant déterminer les ombres sur le sujet simple représenté fig. (21) et qui se compose d'une échelle appuyée contre un mur, et d'un cylindre vertical.

Les points d'appui c et d de l'échelle sur le mur, se projettent horizontalement en $c_{,,} d_{,,}$. Déterminons les ombres des verticales fictives $cc_{,,} dd_{,,}$; sur le plan de la base; or, nous avons vu que m' était le point de concours de l'ombre des verticales sur ce plan, donc $c_{,,} m, d_{,,} n$ seront les directions de l'ombre de ces verticales. Si, ensuite on joint c et d à M qui est le point de concours des rayons lumineux, ces droites donneront les limites γ et δ de l'ombre de ces verticales et par conséquent l'ombre de ces points c et d. Joignant γ à c, et δ à $d_{,}$, qui sont les pieds de l'échelle ; les droites $c_{,} \gamma$ $d_{,} \delta$ seront les ombres des côtés $cc_{,} dd_{,}$ de l'échelle sur le sol. On voit qu'il n'y aura que les parties *c*, *e*, *d*, *f* sur ce plan qui seront visibles. En joignant *e* avec *c* et *f* avec *d*, on aura la suite de l'ombre de ces côtés sur le plan vertical du mur sur lequel s'appuie l'échelle; on déterminerait facilement les ombres des barraux.

Pour le cylindre, on mènera du point *m* deux tangentes à la base du cylindre, ces deux droites *m a*, *m b*, seront les traces de deux tangentes au cylindre parallèles aux rayons lumineux; par conséquent les arêtes *a, a*, *b, b* seront les lignes de séparation d'ombre et de lumière, dont les traces sont les ombres. En tirant ensuite les rayons lumineux *a*M, *b*M, on limitera en *a* et *β* la longueur de ces ombres. On déterminerait ensuite l'ombre de divers points de cette partie de la circonférence *ab* qui est la ligne de séparation d'ombre et de lumière. On aurait ainsi l'ombre total du cylindre sur le plan de la base. Cet ombre se porte aussi sur le plan vertical du fond; on voit qu'il suffit de prolonger chaque ombre telle que *b'β* jusqu'à sa rencontre avec la trace de ce plan, puis d'élever une verticale jusqu'à la rencontre du rayon lumineux *b*M, etc., il est inutile de prolonger davantage le détail de ces constructions, qui sont connues de ceux qui savent la perspective plane. D'ailleurs puisque nous avons ramenées à des perpectives planes toutes les constructions des perspectives-reliefs, il s'en suit qu'on peut aussi bien y ajouter les effets de lumière.

DEUXIÈME PARTIE.

DES APPLICATIONS DE LA PERSPECTIVE RELIEF.

Des bas-reliefs.

La première et la plus importante des applications de la perspective-relief est nécessairement celle faite à ces constructions qui, par leur destination, se rapprochent le plus des tableaux, et qu'on nomme des bas-reliefs.

On sait qu'un bas-relief est une construction destinée à représenter, dans une faible épaisseur, par des figures ayant trois dimensions, un sujet quelconque formé de un ou plusieurs objets, occupant dans la nature un espace plus ou moins étendu surtout en profondeur. Cette représentation doit être faite de manière à donner, comme un dessin, non-seulement le sentiment des formes particulières des diverses parties de la scène, mais aussi de

leurs positions respectives et des distances véritables qui les séparent.

Un bas-relief diffère essentiellement d'un tableau ; d'abord en ce qu'il a trois dimensions, tandis
que le tableau n'en a que deux, les profondeurs n'y
étant indiquées que par des effets de perspective, et
ensuite parce que, de même que les statues de ronde
bosse, n'offrant pas les effets d'ombre et de lumière
et la couleur des corps, il ne peut prétendre à produire l'illusion ainsi que le fait une peinture.

De ce qu'il ne représente pas les effets d'ombre
et de lumière, il en résulte qu'un bas-relief doit être
éclairé par une lumière diffuse, suffisante pour faire
juger des formes des objets et du modelé des surfaces, mais ne produisant pas des ombres portées
trop prononcées, qui, comme nous l'avons déjà fait
voir, seraient en désaccord avec la perspective.

Un bas-relief ne diffère d'une perspective-relief
qu'en ce que cette construction, étant destinée à
n'être regardée que d'un seul côté, ne représente
que ce qui peut être vu ; on supprime tout ce qui est
caché, et on en profite pour relier entre elles les
diverses parties du sujet et donner de la solidité à
l'ensemble de la construction.

On voit alors pourquoi on supprime la lumière

directe du soleil, qui ne pourrait plus glisser entre
les intervalles que les objets présentent entr'eux
dans la nature.

Puisqu'un bas-relief n'est qu'une perspective-
relief soumise à quelques restrictions seulement, il
est évident qu'il doit être soumis à toutes les règles
indiquées dans la première partie de cet ouvrage.
Il faut avouer cependant que beaucoup de sculpteurs ne reconnaissent pas l'utilité de ces règles ; ils
font tout par sentiment, oubliant que le but qu'ils
se proposent étant d'obtenir l'apparence qu'offre un
sujet pour un point de vue unique choisi convenablement, les bas-reliefs doivent, par conséquent,
être soumis à des principes de perspective. Si, en
outre, on observe qu'un bas-relief n'est pas destiné
à être vu comme une anamorphose d'un point fixe,
ils devraient reconnaître bien clairement qu'il faut
non-seulement qu'à un point du sujet corresponde
un point du bas-relief, mais encore qu'à une droite
corresponde une droite, et par suite à un plan un
autre plan, et qu'ainsi il doit en résulter, comme
nous l'avons fait voir, qu'il n'y a qu'une seule figure
déterminée par les principes exposés ci-dessus qui
puisse remplir ces conditions.

Les bas-reliefs s'exécutent avec tous les maté-

riaux susceptibles d'être sculptés ou modelés ; telles
sont diverses espèces de pierre ou de bois, le plâtre,
les métaux, etc. ; et parmi les substances susceptibles d'être modelées. on se sert de l'argile, de la
cire.

Les bas-reliefs sont employés à orner certains
monuments, tels que les mausolées, les piédestaux
des grandes statues, les arcs de triomphe, et ils rap-
pellent dans ce cas quelque action ou scène relative
au personnage pour lequel le monument a été construit ; il y en a qui, comme des tableaux, servent
à décorer l'extérieur ou l'intérieur de nos monuments ; ainsi on voit dans la nouvelle église de
Sainte-Clotilde une suite de bas-reliefs représentant
les diverses stations de la Croix. On en voit construits
en bois sur des meubles, des portes, des stalles de
chœur, par exemple les bas-reliefs du chœur de
Notre-Dame de Paris ; ils peuvent être aussi en métal ; on peut citer en ce genre les fameuses portes en
bronze du baptistaire de l'église Saint-Jean, à Florence, exécutées par le sculpteur Ghiberti, en 1401.

Il y a des bas-reliefs de très-grandes dimensions :
tels sont ceux de l'arc de triomphe de l'Etoile ; il y
en a aussi de très-petits, exécutés sur de l'orfévre-
rie, sur des pierres fines.

On peut distinguer diverses sortes de bas-reliefs, par le relief plus ou moins grand qu'ils présentent ; ainsi il y en a qui, comme ceux de l'arc de triomphe de l'Étoile, diffèrent peu de la ronde bosse ; d'autres sont plus aplatis, comme ceux du mausolée de François Ier, à Saint-Denis ; enfin certains bas-reliefs sont construits dans une très-faible épaisseur, par exemple ceux de Jean Goujon. Cette division est très-peu importante, car on peut faire des bas-reliefs de toute épaisseur, et mieux, dans un même bas-relief on peut voir au premier plan des objets très peu aplatis, au dernier d'autres qui le sont beaucoup.

Il y a des bas-reliefs qui offrent la représentation d'une scène ayant une profondeur très-grande, figurant ainsi un paysage où l'on voit des objets très-éloignés, se prolongeant jusqu'à l'horizon, au ciel ; d'autres, au contraire, ne représentent qu'un sujet isolé, par exemple un portrait ou une scène d'une profondeur limitée, et qui peut être renfermée dans une salle, comme sont ceux qui décorent le tableau du chancelier Duprat.

Tous ces bas-reliefs, quels qu'ils soient, doivent être terminés par un plan motivé, figurant soit le ciel, l'horizon, un rideau de feuillage, une draperie, le fond d'une salle, etc. Dans les bas-reliefs anciens, il y a bien aussi un plan qui limite la représentation, mais il n'est nullement motivé; souvent il coupe les personnages par le milieu de leur épaisseur. Ce ne sont pas, à la vérité, de vrais bas-reliefs, mais des rondes bosses sciées en deux, et dont la principale moitié est appliquée sur une surface unie.

Construction des bas-reliefs.

Pour bien concevoir la construction d'un bas-relief, il faut se représenter le parallélipipède rectangle qui, comme une cage, doit le limiter dans tous les sens.

Le sujet étant donné dans la nature, le point d'où on veut en avoir l'apparence ayant été choisi convenablement, il faut supposer que cette cage est placée entre l'œil et le sujet, de manière que la vue de celui-ci en soit interceptée. La face antérieure de cette cage doit être placée verticalement et perpendiculairement au rayon principal, à une distance du point de vue égale à environ deux fois et demie sa plus grande dimension, de sorte que cette face

soit comme un tableau devant l'œil. La face inférieure de cette même cage est posée généralement
sur le sol sur lequel se trouve aussi le pied des objets à représenter. On voit donc que dans cette position, comme l'indique la *fig.* 1, le parallélipipède
ou la cage a quatre de ses faces verticales et deux
horizontales. Si dans cette construction on suppose
que l'on puisse tracer tous les rayons visuels qui
vont du point de vue aux divers points du sujet, ils
perceront et traverseront la cage en passant par les
points respectivement correspondants de la perspective-relief cherchée.

Dans cette cage, nous remarquerons donc, le plan
antérieur que dans la théorie de la perspective-relief, nous avons désigné par T, initiale de tableau ;
c'est à ce plan que peut commencer la perspective-
relief cherchée, ainsi que le sujet lui-même.

Le plan qui lui est opposé et parallèle, est
celui où le bas-relief finit. Nous l'avons désigné
par F.

Le plan inférieur représente le sol ; nous l'avons
désigné par S. Le plan supérieur qui lui est parallèle,
limitera dans ce sens la figure cherchée.

Enfin il y aura deux faces latérales, verticales,

parallèles entre elles et au plan principal passant par le rayon principal VO.

Nous rappelons ici la désignation de tous ces plans, afin que le lecteur ne se trouve pas dans la nécessité de revenir sur la première partie théorique de cet ouvrage.

Les plans que nous venons de désigner ne suffisent pas pour construire la perspective-relief. En effet, nous avons le plan F_1 qui limite la profondeur du bas-relief cherché ; il faut donc se donner dans le sujet, le plan F qui lui correspond ; plan qui est aussi vertical et parallèle au premier. Les plans F et F_1 étant connus , il s'ensuit qu'on se donne ainsi l'épaisseur du bas-relief correspondant à une épaisseur ou profondeur donnée du sujet. Il est ensuite évident que si on joint un point quelconque du plan F avec V, le rayon visuel percera le plan F_1 en un point qui sera sa perspective-relief; d'où il résulte qu'avec ces deux plans on peut avoir la perspective-relief d'une droite quelconque, puisqu'on peut en avoir de suite deux points : 1° celui où elle perce le plan T, et 2° la perspestive-relief de celui où elle rencontre le plan F_1. Nous en avons conclu que si on prenait, dans le sujet, des droites parallèles, on obtiendrait dans la perspective-relief des droites concourant en un point du plan I. Il s'ensuit que ce plan I peut être regardé comme étant déterminé. Nous avons vu que ce plan I pouvait encore se déterminer par la formule :

$$E = y' \cdot \frac{y + D_1}{y - y'}$$

Dans laquelle E est la distance cherchée du plan I à celui T ; D_1 la distance du point de vue V au plan T ; y celle du plan F qui limite le sujet à celui T ; y' celle qui lui correspond dans le bas-relief, c'est-à-dire celle du plan F_1 qui termine sa profondeur à ce plan T. On se rappelle qu'on avait appelé D la distance de V au plan I de sorte qu'on a $D = D_1 + E$.

Cette formule bien simple, sera plus commode à employer que les constructions géométriques, car il arrivera souvent que ce plan I sera très-loin du plan T. En outre, elle donnera des résultats numériques exacts, si les données le sont pareillement.

Dans notre théorie de la perspective-relief, nous supposions d'abord que ce plan I qui correspond aux points qui sont à l'infini dans le sujet, était donné. S'il ne l'est pas, on voit que l'on peut le déterminer si facilement que nous pouvons le supposer connu, sa détermination, avant tout, étant indispensable pour la construction du bas-relief.

Voici maintenant la suite des opérations à effectuer pour préparer la construction d'un bas-relief.

1° On trace sur une surface plane quelconque, représentant le plan T, la perspective plane du sujet, sur ce plan, pour un point de vue Q situé sur le rayon principal OVQ, mais plus éloigné de O que de V, d'une distance VQ égale à l'épaisseur E trouvée ci-dessus entre les plans V et I ; la hauteur de ce point au-dessus du sol était par conséquent celle du point V. On décalque cette perspective plane sur le plan T et sur celui F₁ qui lui est parallèle, de manière que les points qui se correspondent soient sur des droites horizontales. On a ainsi, d'après la septième méthode *fig.* 16, les projections orthogonales du bas-relief sur ces deux plans T et F₁ ;

2° On détermine de même sur une surface représentant le plan S, la perspective plane, de la projection horizontale du sujet en regardant le point P projection horizontale du point V, comme étant le point de vue; l'intersection du plan I et S comme la ligne de terre et celle du plan I et S comme la ligne d'horizon. On transporte de même cette perspective sur les deux faces horizontales du parallélipipède, et on a sur ces plans les projections horizontales du bas-relief, suivant la quatrième méthode, *fig.* 10 et 16 ;

3° On trace sur un plan représentant une des faces latérales de ce parallélipipède, la perspective plane de la projection du sujet sur ce même plan, en prenant de même pour point de vue, la projective de V sur ce plan, pour ligne de terre la trace du plan T et pour ligne d'horizon celle du plan I, sur ce plan. On transporte de même cette perspective sur les deux faces latérales du parallélipipède, et on aura alors les projections sur ces deux plans du bas-relief cherché. (Comme on l'a indiqué *fig.* 10.)

On remarquera que ces deux perspectives nᵒˢ 2 et 3 reposent sur le principe général que nous avons indiqué ; c'est que, si on suppose les rayons visuels d'un cône perspectif passant par les divers points du sujet et par ceux correspondants du bas-relief, et qu'on projette orthogonalement le tout sur un plan quelconque perpendiculaire à celui T, on obtiendra, en projection, deux figures planes en perspective, pour lesquelles le point de vue sera la projection du sommet du cône perspectif ; la ligne de terre sera la trace du plan T sur le plan de projection, et la la ligne d'horizon celle du plan I sur ce même plan.

Il résulte des constructions indiquées ci-dessus, qu'on a sur les six faces du parallélipipède, les projections orthogonales du bas-relief ; qu'alors si on suppose qu'on joint par des fils les points correspondants des faces opposées, les intersections respectives de ces droites donneront les points de la perspective-relief cherchée.

Il me semble qu'on ne peut ramener la construction des bas-reliefs à une idée plus simple. Elle dépend, comme on le voit, de trois perspectives planes faciles à construire, au moyen desquelles tout le monde concevra les procédés pratiques pour obtenir cette figure. Je n'entrerai donc pas dans l'exposition d'autres procédés qu'on pourrait tirer de toutes les méthodes de perspective-relief indiquées dans la première partie de cet ouvrage.

Il est nécessaire d'ajouter ici, que les règles que nous venons de donner, ne peuvent gêner en rien le sculpteur dans la partie purement artistique de son travail; elles ont seulement pour objets de déterminer la position des points principaux du sujet qu'on veut représenter, la grandeur et la direction des droites qui entrent dans sa composition, et ne peuvent point arriver à donner le modèle des surfaces courbes. L'artiste doit être dirigé par les

points principaux de ces surfaces et s'en rapporter
ensuite à son talent d'imitation.

Exécution d'un bas-relief.

L'exécution matérielle d'un bas-relief se fait de
deux manières suivant que l'artiste opère avec une
substance susceptible d'être modelée comme de l'argile, ou travaille sur une pierre comme le marbre.
Dans le premier cas, il faut considérer le parallélipipède comme une cage creuse et former le bas-
relief en ajoutant successivement de l'argile, de
manière à arriver à la représentation cherchée. On
dit que l'artiste opère ainsi dans le creux.

Dans la deuxième, le sculpteur est devant un parallélipipède plein et il faut avec le ciseau, retran-
cher ce qui est de trop, afin d'arriver au même
résultat que par la première. On dit donc que l'artiste travaille dans le plein.

Si on a tracé sur les faces du parallélipipède, les
perspectives planes, que nous avons indiquées être
les projections orthogonales du bas-relief, on concevra facilement son exécution dans l'une et l'autre
manière d'opérer.

Dans la première, on suppose le rectangle

T'T°T'T' qui limite, sur le plan T, l'étendue du bas-relief, comme offrant un creux terminé aux autres faces du parallélipipède, d'où résulte, que sur le fond formé par le plan F, et sur lequel on suppose que la projection du bas-relief soit tracée, on commence par mettre de l'argile suivant le contour de cette projection, puis on en ajoute successivement, en s'arrêtant pour chaque point, aux droites que l'on peut concevoir joignant les projections sur les faces horizontales ou latérales. On peut aussi enfoncer dans ce plan F, des pointes, auxquelles on donne les longueurs fixées par les plans latéraux. A mesure que les figures tracées sur les faces se cachent par la construction, il faut avoir recours aux perspectives planes tracées isolément et représentant ces diverses faces. Lorsque le bas-relief est exécuté ainsi avec de l'argile, on peut ensuite supprimer les faces latérales et celle horizontale supérieure de manière à isoler la représentation qui repose sur le sol et s'appuie sur le plan F, du fond, ou bien encore laisser subsister les faces qui alors font l'office de cadre, comme dans les tableaux.

Les bas-reliefs exécutés ainsi avec de l'argile, ne sont pas susceptibles de se conserver; il faudrait pouvoir les entretenir dans un état constant d'humidité ; sans cela la sécheresse les fait déformer très-vite, fendiller, etc.

Pour conserver ces travaux, on en fait une copie en plâtre, et voici comment on s'y prend. On couvre le modèle d'une couche de plâtre liquide, qu'on laisse sécher, après avoir pris les précautions pour que l'argile n'adhère point au plâtre. On obtient ainsi un moule en creux du bas-relief. Ce moule sert ensuite à obtenir, par le même procédé, un moule plein qui est la copie exacte du travail. Ces opérations se font par des hommes appelés mouleurs, qui ont besoin de beaucoup d'adresse et de patience pour arriver à ne point déformer le modèle.

Ce bas-relief en plâtre peut se corriger facilement à la pointe et au ciseau, de manière à rendre complètement l'idée de l'artiste. Il sert ensuite de modèle pour l'exécution du bas-relief, en pierre. Pour exécuter un bas-relief en pierre, on voit qu'il faut commencer par bien unir le plan T; tracer sur ce plan la perspective plane, qui est la projection orthogonale du bas-relief sur ce plan, puis à chaque point de cette projection creuser dans le plein, des trous de la profondeur indiquée par les projections latérales, ensuite enlever avec le ciseau tout ce qui est de trop, de manière à découvrir les points du bas-relief. Là commence le travail spécial de l'artiste sculpteur. Le modèle en plâtre lui sert, dans ce cas, de guide pour le diriger dans son travail.

On peut concevoir pour l'exécution de ce procédé, que l'artiste possède une règle horizontale divisée, se mouvant sur le plan vertical T. Sur cette règle se trouve un curseur pouvant glisser horizontalement; si on suppose ensuite que ce curseur porte une lime tournante qui soit perpendiculaire au plan T, et portant aussi une division et pouvant s'enfoncer dans la pierre à une profondeur voulue, on arrivera ainsi facilement à trouver les points principaux du bas-relief. Les trois longueurs qui déterminent chaque point, pouvant se prendre sur les perspectives planes ci-dessus ou sur le modèle en plâtre.

Un bas-relief sur métal s'exécute de deux manières, la première consiste à couler le métal liquide dans un moule creux, et la deuxième s'exécute dans une plaque mince de métal, en repoussant par derrière, de sorte à obtenir le relief antérieur.

De l'échelle d'un bas-relief.

Nous avons dit que le plan T était commun au

sujet et à sa perspective-relief, de sorte que les longueurs du sujet qui sont dans ce plan sont les
mêmes et par conséquent égales à celles de la perspective. Le bas-relief construit ainsi pourra donc
être regardé comme exécuté à l'échelle naturelle ;
mais rien n'empêche d'établir dans ce plan, entre
les longueurs du sujet et celles correspondantes de
la figure, un rapport quelconque ; c'est ce rapport
que nous appellerons l'échelle du bas-relief ; ainsi
dans le cas ci-dessus, ce rapport égale un. Si ce rapport était 1/2,1/3 cela voudrait dire que le bas-
relief est construit dans des proportions telles que
les longueurs du sujet qui sont dans le plan T
seront représentées par des longueurs égales à
1/2,1/3 des précédentes. Si ce rapport était 2,3, etc.,
cela indiquerait que les mêmes longueurs sont
deux fois, trois fois plus grandes que celles du sujet
dans ce même plan.

L'échelle du bas-relief étant déterminée par des
considérations dépendant du lieu où il doit être
placé, il faut se donner la distance de l'œil au plan
T d'après cette échelle, ainsi que sa hauteur au-
dessus du sol. C'est alors et avec ce point de vue
ainsi déterminé, que se feront sur les faces du
parallélipipède, les perspectives planes ci-dessus,

qui doivent servir à obtenir le bas-relief. Il résulte évidemment que ce bas-relief construit à cette échelle et celui à l'échelle naturelle seront deux figures semblables qui peuvent se placer avec le sujet, suivant les rayons du même cône perspectif. On obtiendrait donc ainsi la même figure, en construisant le bas-relief à l'échelle naturelle et en faisant ensuite une réduction à l'échelle donnée.

Position du point de vue.

Le point de vue dans la nature est choisi de manière à offrir le sujet sous l'apparence la plus favorable à la scène que l'on veut représenter. Il y a donc dans ce choix beaucoup d'arbitraire ; mais la distance intéressante à connaître est celle de ce point de vue au plan T. Nous avons déjà dit qu'elle devait être, comme pour les tableaux, égale à environ 2 fois 1/2 la plus grande dimension du cadre $T^1T^2T^3T^4$ qui limite ce plan ; avec cette distance, les rayons extrêmes du cône perspectif ne viendront pas alors rencontrer le plan T sous des angles trop aigus, de sorte qu'il n'en résultera de déformation désagréable, ni dans la pespective plane qui est sur ce plan ni par suite dans le bas-relief.

Cette distance de l'œil au plan T n'est cependant pas absolument fixée à 2 fois 1/2 cette plus grande dimension, elle peut varier dans de certaines limites et pour des causes diverses. Ainsi un bas-relief sur un fronton peut nécessiter une distance plus grande.

Dans nos petites figures, nous avons pris pour distance de l'œil au plan T, la largeur de ce plan, mais ce n'est point une règle; ce n'est que pour éviter des figures trop grandes.

La hauteur de l'œil au-dessus du sol est aussi très-arbitraire, et son choix doit être laissé à l'artiste qui peut la faire varier, dans de certaines limites, suivant le but qu'il se propose. S'il suppose que le sujet est vu par un spectateur placé sur le sol, il faut cette hauteur égale à environ 2^m., etc.

On peut encore considérer le rectangle $T^4T^2T^3T^2$ comme le cadre d'une fenêtre à travers laquelle on voit une scène plus ou moins éloignée; alors le sol de ce sujet peut être très-inférieur à la droite $T^1_1T^2$, qui n'est plus à proprement parler la ligne de terre résultant comme on sait de l'intersection du sol et de ce plan T. Dans ce cas, il pourrait arriver, comme dans un tableau, qu'on ne vît que la partie supé-

rieure des personnages ; la partie inférieure étant
cachée par le cadre.

De l'épaisseur d'un bas-relief.

L'épaisseur à donner à un bas-relief peut varier
de 1 mètre à quelques centimètres. Cela dépend et
de la profondeur du sujet qu'on veut représenter, et
de l'épaisseur qu'on veut laisser aux objets du relief
qui occupe le premier plan. On sait que la ronde-
bosse est ce qui s'approche plus de la nature ; cette
représentation a l'avantage de pouvoir être regardée également de tous les points qui l'environnent. Plus on se rapproche, dans un bas-relief,
de la ronde-bosse, plus la représentation sera satisfaisante et plus on pourra s'éloigner du point de
vue, sans que cette représentation en souffre ; mais
à côté de cet avantage, il y aura l'inconvénient de
ne pouvoir représenter qu'une scène très-peu profonde. Ainsi par exemple, que l'épaisseur donnée
d'un bas-relief soit de 1^m et qu'elle soit la représentation d'une épaisseur seulement de 2^m dans le
sujet, il en résulte donc que l'on ne peut alors représenter qu'une scène n'ayant pas plus de 2^m. de
profondeur. Les grands bas-reliefs de l'arc-de-

triomphe de l'Étoile n'offrent ainsi qu'un très-faible aplatissement. On a pu alors conserver en entier le relief des figures, ou les rattacher avec celles qui sont postérieures, par de faibles attaches habilement dissimulées.

L'orsqu'au contraire le bas-relief doit avoir peu d'épaisseur relativement à celle qu'il représente dans le sujet, alors toutes les figures se trouvent comme superposées les unes aux autres, dépassant de très-peu leur contour apparent, et finissant par n'être plus que de simples traits tracés sur le plan du fond. Ainsi dans les bas-reliefs qui ornent le tombeau de François Ier, on voit de très-grandes profondeurs de troupes qui ne sont au loin indiquées que par des lignes représentant des lances de soldats, etc.

Dans le choix des profondeurs des bas-reliefs, il faut encore avoir égard aux matériaux avec lesquels ils sont construits, et faire attention que ceux qui sont exposés à l'air se dégraderont d'autant plus vite que les figures seront plus détachées les unes des autres, plus isolées.

Des grands bas-reliefs.

Lorsqu'on doit exécuter un grand bas-relief, comme ceux qui sont sur les frontons de l'église de la Madeleine ou du Panthéon, la méthode géométrique que nous avons indiquée devient embarrassante. Il est impossible de tracer sur les faces des parallélipipèdes les perspectives planes qui sont les projections orthogonales de la figure, ou même les construire sur des surfaces détachées représentant ces faces. Ordinairement, on exécute ce travail en petit, puis on le transporte d'après les moyens connus, en augmentant ses dimensions dans le rapport voulu. Cette transformation a le désavantage d'être peu exacte, car on est obligé de passer du petit au grand; par conséquent, si sur le modèle, il y a une petite erreur, elle sera multipliée dans la copie par le rapport des deux figures. Il vaut mieux, il me semble, se servir de la méthode numérique que nous avons donnée sous le n° 8.

Tout le monde sait qu'un point est connu dans l'espace, lorsque l'on connaît ses distances à trois plans déterminés; ces distances s'appellent les coordonnées du point. Il s'agit donc, dans cette méthode, de déterminer les coordonnées d'un point du bas-relief, connaissant ceux du point correspondant du sujet.

Nous avons pris pour les trois plans, (*fig*. 17 et 18) auxquels nous rapportons tous les points du sujet donné et de sa perspective-relief :

1° Le plan vertical principal passant par VO, désigné par P ;

2° celui désigné par T ;

3° le plan H d'horizon contenant ainsi le rayon principal VO.

Ces trois plans se coupant en un même point U.

Nous avons désigné par x (*fig*. 18) la distance d'un point du sujet au plan P ;

par y, celle au plan T ;

Et enfin par z, celle au plan H ;

et de même par analogie, x^{ι}, y^{ι}, z^{ι} représentant les distances respectives à ces mêmes plans, du point correspondant de la perspective-relief. Nous avons trouvé qu'on avait entre x, y, z et x^{ι}, y^{ι}, z^{ι} les relations exprimées par les trois équations suivantes :

$$x^{\iota}=x\frac{D}{D+y}, \quad y^{\iota}=y\frac{E}{D+y}, \quad z^{\iota}=z\frac{D}{D+y}$$

dans lesquelles D est la distance du point de vue au

plan I et E la distance entre les plans T et I.

Ainsi, supposons que dans le sujet un point a pour coordonnées :

$$x = 1^m, y = 10^m, z = 2^m$$

et que $D = 20^m$, $E = 5^m$,

On aura alors

$$x' = 1 . \frac{20}{20 + 10} = \frac{2}{3}, \quad y' = 10 . \frac{5}{30} = \frac{5}{3}, \quad z' = 2 . \frac{20}{30} = \frac{4}{3}$$

le point correspondant sera donné par ces valeurs de x', y', z'.

Nous supposons dans ce calcul qu'on donne D et E, c'est-à-dire par conséquent la position de ce plan I, qui, dans le bas-relief, correspond à l'infini dans le sujet. Le plus ordinairement, on se donne au contraire le plan F, qui termine le bas-relief et celui F qui lui correspond dans le sujet ; il faut alors déterminer ce plan I, ou sa distance E au plan T. Or, nous avons trouvé pour cela la formule :

$$E = y' \frac{y + D_{\prime}}{y - y'}$$

dans laquelle $D_{\prime}$ est la distance du point de vue au plan I, de sorte que l'on a $D = D_{\prime} + E$.

Ainsi, par exemple, supposons que la distance

du plan F au plan T, soit $y = 10^m$; celle du plan correspondant F_1 à ce même plan, ou $y^1 = 5/3$ et que de plus $D'_1 = 15$, on aura :

$$E = \frac{5}{3} \cdot \frac{10+15}{10-\frac{5}{3}} = \frac{5}{3} \cdot \frac{25}{30-\frac{5}{3}} = 5 \cdot \frac{25}{25} = 5^m$$

Connaissant maintenant la valeur de E, on pourra calculer les valeurs de x', y', z' d'un point du bas-relief par les formules employées ci-dessus.

Il me semble que cette méthode numérique de déterminer les points d'un bas-relief peut s'employer avec avantage, non-seulement pour les grands bas-reliefs, mais pour tous autres. Elle n'exige que des calculs très-simples, il suffit de connaître les distances des points du sujet aux trois plans désignés ci-dessus.

Des frontons.

On construit ordinairement sur les frontons de nos édifices publics de grands bas-reliefs. La méthode numérique ci-dessus leur est spécialement applicable; ils présentent ce cas particulier d'être toujours vus de bas vers le haut, et par conséquent fort loin du point de vue pour lequel il est construit. On voit, en effet, que si on prenait ce point de vue aux environs du lieu où va se placer l'observateur, il en résulterait que le plan et la ligne d'horizon seraient plus bas que le fronton lui-même, de sorte que le sol s'inclinant vers la ligne d'horizon, deviendrait invisible; les personnages auraient leurs parties inférieures cachées. Il y a donc là un grave inconvénient qu'il s'agit d'examiner.

Si ces bas-reliefs étaient des rondes bosses, une partie de ces inconvénients disparaîtraient, car on sait qu'une ronde bosse peut avantageusement être regardée d'un point quelconque; cependant il faut encore reconnaître que la position ne serait pas ici très-favorable. On voit, en effet, que les divers personnages étant représentés sur un sol horizontal, on ne verrait ni leurs pieds, ni le sol sur lequel ils reposent. On ne peut pas d'ailleurs employer généralement la ronde bosse, car l'épaisseur à donner à cette espèce de bas-relief étant peu considérable, il faut, par une déformation perspective, regagner de la profondeur.

Lorsque l'on place des tableaux dans les musées, ils sont attachés au mur dans des positions inclinées et à des hauteurs plus grandes que celles de l'œil, il en résulte que le plan qui passe par l'œil et la ligne d'horizon se trouve sensiblement perpendi-

culaire au tableau, de sorte qu'il y a peu de différence entre cette disposition et celle où le tableau
serait si la ligne d'horizon était à la hauteur de l'œil.

Dans les frontons on ne peut exécuter cette inclinaison du bas-relief; mais alors on est forcé de
considérer comme plan du sol, celui qui passe par
les pieds de l'observateur et la base du fronton, de
manière que le plan d'horizon soit celui mené par
l'œil parallèlement à celui-là. Ce ne sera pas, il est
vrai, un plan horizontal, mais les constructions
s'effectueront aussi facilement que s'il l'était et les
résultats ne seront pas trop altérés. Une légère inclinaison en avant du bas-relief, qui serait peu sensible, rapprocherait beaucoup cette position de
celle des tableaux attachés contre un mur.

Des bas-reliefs d'une très-grande étendue.

Il existe des bas-reliefs qui occupent une très-
grande étendue, tels sont ceux qui décorent les
frises de plusieurs de nos monuments, ce ne sont
le plus souvent que de simples ornements destinés
à cacher le nu du mur; alors l'artiste sculpteur a
donc pu, dans ces travaux, faire tout par sentiment. Cependant, quelques-uns de ces bas-reliefs

offrent, non plus une scène de la nature qu'on
puisse voir d'un point unique, mais une suite d'objets se rapportant à un même sujet ; ainsi, par
exemple, on représente sur une frise un défilé de
troupes que l'on peut supposer avoir lieu devant un
spectateur fixe : alors il est évident que le sujet ne
pouvant être vu lui-même d'un seul point de vue,
sa représentation en bas-relief ne peut non plus
être assujettie dans son ensemble, à l'unité d'un
point de vue ; c'est alors l'observateur qui doit par-
courir successivement une ligne droite parallèle à la
représentation. Mais cependant, chaque partie
isolée de ce bas-relief représentant quelque chose
et n'étant pas une ronde bosse, ne peut être que
l'apparence que présente un objet quelconque regardé d'un point unique ; il en résulte donc que, si
l'ensemble du bas-relief n'est point soumis à l'unité
du point de vue, chaque détail n'en doit pas moins
être exécuté en perspective. Et qu'on ne vienne pas
dire, comme Pailiot de Montabert, dans son *Traité
complet de la Peinture*, « qu'il n'y a rien de pers-
» pectif dans les bas-reliefs, les camées, les pierres
» gravées, que tout y doit être orthographique, »
car alors il en résulterait que des droites parallèles
seraient représentées par des droites aussi parallèles,

ce qui ne peut être ; car, rappelons-le bien, dans la nature des droites parallèles, de quelques points qu'on les regarde, elles paraissent toujours concourir en un certain point du sujet situé sur la droite qui serait menée de l'œil parallélement au système de droites considérées. Or, dans un sujet, n'y eut-il pas des droites parallèles, on peut toujours en supposer reliant entre eux ses divers points, donc il est évident que quel que soit le mode de représentation, il faut absolument que chaque partie au moins soit soumise à des principes de perspective.

Les longs bas-reliefs sur les frises seront assujettis dans leur ensemble cependant à quelques règles ; ainsi, il est évident qu'il faut qu'il n'y ait qu'une même ligne d'horizon, provenant d'une seule droite, lieu du point de vue, que chaque détail soit fait à la même échelle, etc.

Ces longs bas-reliefs sont comparables à de longs tableaux, qui, comme celui de la *Smala*, de M. H. Vernet, représente une scène très-étendue, que l'on peut supposer avoir été peinte sur un tableau cylindrique comme un panorama, et qui aurait été ensuite développée en surface plane ; de sorte que le point de vue qui, dans le cylindre, occupait un point de l'axe, se trouve transformé en une ligne droite parallèle au tableau, alors la représentation est très-satisfaisante, pour un point quelconque de cette droite, pourvu qu'on ne cherche à voir que ce qui est dans les environs du plan vertical qui, de ce point, serait mené perpendiculairement sur ce bas-relief.

Il est enfin des sculptures qui couvrent des murs entiers; ce sont des arabesques ayant pour but de cacher le nu d'un mur. Si elles offrent dans quelques parties la représentation d'objets quelconques, on voit qu'ils doivent être soumis, tant qu'ils ne sont pas des rondes bosses, à des principes de perspective, et que le point de vue variable, pour ces diverses parties, doit toujours être supposé dans un plan parallèle à celui du mur.

Construction d'un bas-relief d'après un tableau.

Nous avons déjà fait connaître, dans la première partie de cet ouvrage, les principes d'après lesquels on pouvait passer d'une perspective plane à une perspective-relief. Ce seront ces mêmes principes qui vont nous servir à construire un bas-relief d'après un tableau.

Il faut évidemment supposer que la perspective plane du tableau est construite assez exactement pour qu'on puisse facilement y retrouver les traces et les points de fuite des diverses droites figurées dans ce tableau, et particulièrement le point central O et les points de distance.

Ces points étant déterminés, on considère le tableau comme composé de deux plans superposés, l'un, le plan T, qui contient les traces ci-dessus et qui est commun au tableau et au bas-relief ; l'autre, le plan I, qui renferme les seuls points de fuite. On éloigne ensuite ce plan I du plan T, en le transportant parallèlement à lui-même à une distance dépendante du plus ou moins de relief que l'on veut donner au bas-relief. On joint chaque point de fuite avec le point central O, et on observe qu'à mesure que le plan I s'éloigne de celui T, le point de fuite reste sur cette droite, mais s'éloigne du point central O proportionnellement aux rapports des distances du plan I considéré, et du plan T, au point de vue ; de sorte que si la position du point de fuite était donnée sur le tableau, on obtiendra la position du point de fuite sur le nouveau plan I par une simple proportion. Il ne reste plus qu'à joindre la trace sur le plan T de la droite, considérée dans le tableau, avec ce nouveau point de fuite ainsi déterminé et on aura la perspective-relief de cette droite. Exécutant cette construction pour chaque droite du tableau, on aura le bas-relief cherché, ayant la même apparence que le tableau.

On peut simplifier cette méthode de la manière suivante : on remarque que, quelle que soit la distance où on transporte le plan I, le point central O et la ligne d'horizon ne varient pas ; seulement chaque point de distance sur cette ligne d'horizon s'éloigne du point central, de manière à rester à une distance de ce point égale à celle qui sépare le plan I du point de vue ; il s'en suit que si on se donne la position du plan I, sa distance du point de vue est connue, et par conséquent la position de chaque point de distance est ainsi déterminée.

Il résulte donc cette construction bien simple ; par chaque point du tableau que l'on veut déterminer dans le bas-relief, on mine deux droites, l'une dirigée vers le point central O et l'autre à un des points de distance ; on prolonge ces droites et on détermine leurs traces sur le tableau. Ces deux points appartiennent aussi au bas-relief ; on joint l'un de ces points, au point central du plan I et l'autre au point de distance correspondant de ce même plan et déterminé comme il a été dit ci-dessus ; l'intersection de ces deux droites donnera le point du bas-relief correspondant à celui considéré dans le tableau.

Cette manière de faire un bas-relief d'après un tableau est très simple et peut servir comme une nouvelle méthode de construction d'un bas-relief en commençant par établir la perspective-plane du sujet.

Examen de quelques-uns des bas-reliefs de l'antiquité, de la renaissance et modernes, dont les originaux ou des copies sont dans les salles des musées, au Louvre.

L'examen que nous donnons n'est point fait au point de vue artistique, nous connaissons notre incapacité, nous nous proposons seulement de rechercher, si dans ces divers bas-reliefs, on y trouve quelques applications des règles de la perspective-relief.

SALLE DES ANTIQUES.

Numéros
du catalogue.

41 — *Cérémonie religieuse.* — Bas-relief faisant scène ; on y trouve des dégradations sen-

sibles en profondeur avec quelque léger sentiment de perspective.

71 — *Dédale et Pasiphaé.* — Bas-relief faisant scène sans règle.

— *Bacchus barbu et Icarius.* — Bas-relief formant scène ; absence complète de perspective, dans le bâtiment qu'on voit au fond.

177 — *Agamemnon et Achille.* — Bas-relief formant scène. Il n'y a pas de lointain, applatissement sensible. — Tous les personnages sont de même hauteur.

206 — *Achille et Priam.* — Bas-relief comme le précédent.

205 — *Les Danseuses.* — Bas-relief très-remarquable, par les poses et l'élégance des formes des personnages, etc., mais où ne se trouve aucun emploi de perspective.

156 — *Le tronc de Saturne.* — Comme les danseuses.

Iphigénie en Tauride Pandore	Scènes avec applatissement, mais sans règles de perspective.

418 — Funérailles d'Hector

Chasse aux lions

Mort d'Adonis

Triomphe de Bacchus Enfant.

Génie des jeux de Stades

Haruspices

Prométhée formant l'homme.

Ces bas-reliefs ne représentent pas une scène, ce sont des personnages placés à la suite les uns des autres comme dans un défilé ou une procession.

177 — *Faune chasseur.* — Bas-relief formant tableau, on y voit, outre le personnage principal, la représentation d'un rocher plus éloigné, d'un arbre portant des vêtements suspendus, peut-être même un lointain. On y remarque l'intention évidente de faire une représentation analogue à un tableau.

SALLE DE LA RENAISSANCE.

Noms des auteurs. — Dates.

J. COUSIN. — 1517. — Bas-relief représentant F. comte de La Rochefoucaut et A. de Polignac, sa belle-fille. attribué à J. Cousin.

La dégradation des figures est très-bien exprimée ; le fond plat sur lequel on voit les armes de famille, peut être considéré comme un plan limite.

Loth et ses filles. — Bas-relief formant tableau.

G. PILON. — *Mise au tombeau.* — Les dégradations des figures sont bien exprimées.

G. GOUJON. — 1572 — *Nymphes de la Seine, Tritons, Néréïdes*, trois bas-reliefs. — Les dégradations des figures sont rendues avec beaucoup d'art et probablement de science. Le fond peut être regardé comme la représentation du ciel d'un lointain vaporeux.

G. GOUJON. — *La déposition* et les *Quatre Évangélistes.* — Trois bas-reliefs très-beaux. — Un évangéliste se présente de face, un de ses genoux est très-adroitement aplati en perspective.

G. GOUJON. — *Le Réveil.* — Bas-relief formant tableau, comme ci-dessus.

G. PILON. — *Valentine Balbiani.* — Bas-relief

sculpté sur un sarcophage, il est très-aplati et rend parfaitement l'idée de l'artiste; très-remarquable.

PIÉTA. — 1600 — Tableau votif placé vers 1600 dans l'église Sainte-Geneviève. — Bas-relief très-saillant où l'on remarque quelque observation des règles de la perspective.

J. DE GRENOBLE. — *Bataille d'Ivry*, par Jacquet de Grenoble.—Bas-relief faisant tableau. — On y voit la représentation du ciel, des nuages de l'horizon d'une ville dans le lointain, mais les règles de perspective n'y sont pas observées.

F. AUGUIER. — *Monument funéraire de Henri de Longueville*. — Bas-relief représentant la bataille de Sens, faisant tableau avec un sentiment prononcé de perspective. — Un deuxième bas-relief du même, présente aussi quelques sentiments, mais peu arrêtés, de perspective.

P. ROMAIN. — 1482 — *Robert Malatesta, seigneur de Rimini*. — Bas-relief attribué

à Paolo Romain. — Haut-relief, statue
isolée.

ANDREA DELLA ROBIA. — Divers bas-reliefs en
émail avec des couleurs.

— 1775 — *Le repos en Égypte.* —
Bas-relief sculpté en Allemagne du
XVIᵉ siècle, d'après la gravure en bois
dessinée par Albert Durer en 1511.
— Bartsch 90 heller — 1775 — Sculpture en pierre calcaire, dite pierre à
rasoir et lithographique. Ce bas-relief
est curieux sous plus d'un rapport ; il est
d'abord un exemple d'un bas-relief exécuté d'après une gravure. — Il offre ensuite beaucoup de lignes droites, parallèles et qui sont bien mises en perspective,
comme dans le dessin dont elles sont la
représentation. On pourrait cependant
y remarquer quelques légères erreurs.

— Bas-relief en métal, représentant
une salle : les deux faces latérales sont
bien exécutées en perspective.

SAINT-GEORGES. — 1508 — Bas-relief pour la
chapelle du château de Gaillon 1431-
1514. — Il forme tableau, mais les règles

ne semblent pas être employées avec exactitude.

— Daniel de Volterre. — *Mise au tombeau*. — Aplatissement bien senti.

1529-1532. — Cheminée de Bruges. — Herman Glosemcamp a sculpté le bois et Guyot de Beaugrand a exécuté les bas-reliefs en albâtre.

Sur la console, on remarque quatre bas-reliefs, représentant des salles avec des lignes architecturales, des balda-quins. — Le tout semble avoir été mis exactement en perspective.

1463-1535. — Bas-reliefs qui déco-rent le tombeau du chancelier Duprat. — Plâtres moulés sur les originaux qui sont dans la cathédrale de Sens. — Il y a quatre bas-reliefs fort remarquables par l'emploi des règles de la perspective-re-lief; deux représentent des salles dont l'une est en partie circulaire, avec des personnages sur des gradins. Ce sont de très-beaux exemples de l'emploi des rè-gles appliquées aux bas-reliefs.

P. BONTEMS. — 1552 — *Campagne d'Italie et*

victoire de Marignan. — Bas-reliefs qui décorent le tombeau de François 1ᵉʳ à Saint-Denis. — Ce bas-relief est très-curieux, on y voit une très-grande profondeur de combattants, bien indiquée en perspective.

SALLE DE LA SCULPTURE MODERNE.

P. PUGET. — 1622-1694 — *Alexandre et Diogène.* — Bas-relief admirable pour les figures et l'emploi judicieux des dégradations. Les lointains sont mis en perspective, mais pas avec l'exactitude convenable.

COISEVOX. — 1640-1720. — Divers bas-reliefs remarquables par leur fini.

MARTIN DESJARDINS. — 1640-1690 — Quatre beaux bas-reliefs en bronze, remarquables par un emploi raisonné des règles de la perspective.

Martin Desjardins vivait du temps de Desargues, il a pu recevoir de lui des principes de perspective.

Au musée de l'hôtel Cluny, on trouve aussi plusieurs bas-reliefs formant tableaux et qui offrent un emploi judicieux des règles de la perspective.

DES DÉCORATIONS THÉATRALES.

Une décoration théâtrale est la représentation des lieux où l'action qui fait le sujet de la pièce est supposée se passer ; elle doit donc offrir non-seulement le sentiment des formes des divers objets, de leurs positions respectives et des distances qui les séparent, mais elle doit encore tendre à faire illusion, comme le fait un tableau en donnant les effets d'ombre et de lumière et la couleur des corps.

Une décoration doit, en outre, avoir de la profondeur, puisqu'elle est destinée aux jeux des acteurs et qu'elle doit ainsi permettre la circulation des divers personnages qui peuvent figurer dans la pièce.

Un théâtre se compose intérieurement de deux parties distinctes : 1° la salle où se placent les spectateurs, et 2° la scène où sont les acteurs. Ces deux parties sont séparées par le rideau, qui, étant levé, laisse apercevoir la scène. La décoration commence donc à ce plan vertical terminé par un rectangle plus ou moins orné, formant ainsi une espèce de cadre ; elle s'étend et se termine à un second plan parallèle au premier, formé par une toile dite de fond et placée à une profondeur variable.

Les lieux où, dans la nature, se passe l'action étant donnés ou conçus, il faut choisir un point de vue d'où l'aspect de ces lieux soit le plus favorable au but qu'on se propose. *C'est l'apparence que ces lieux offrent de ce point qu'il s'agit de représenter par une décoration.*

Il faut déterminer d'abord, comme pour un tableau ou un bas-relief, un premier plan vertical où doit commencer la représentation, lequel sera figuré dans la décoration par le plan du rideau ; ensuite on prend un deuxième plan parallèle au premier et à une distance de lui telle que ces deux plans comprennent entre eux toute la partie du sujet où se passe l'action, où, par conséquent, on peut supposer que les personnages, représentés par les acteurs, peuvent circuler. Ce deuxième plan aura évidemment pour correspondant dans la décoration celui de la toile de fond. La distance qui, dans la nature, sépare les deux premiers plans est toujours plus grande que celle qui existe entre ceux correspondants de la décoration.

Le problème des décorations théâtrales consiste donc : 1° à construire, entre deux plans donnés, une figure relief qui offre la même apparence que cette partie du sujet comprise entre les deux plans correspondants; et 2° d'ajouter ensuite, comme complément, la représentation de ce qui peut être aperçu du même point de vue et qui peut s'étendre au loin, à l'horizon, au ciel.

On satisfera évidemment, à la première partie au problème, en construisant, entre les deux plans donnés, la perspective-relief de cette partie du sujet compris entre les plans correspondants, et à la deuxième, en traçant sur la toile du fond une perspective plane de la partie du sujet qui fait suite à la première. Joignant à ces perspectives tous les effets d'ombre et de lumière et la couleur des corps, on aura une représentation qui pourra faire autant et plus d'illusion qu'un tableau, et quoique composée d'une perspective-relief et d'une perspective plane, elle semblera ne former qu'une seule et même représentation de tout ce qu'on peut apercevoir du point de vue.

Nous voyons donc ainsi que pour la première partie, le problème des décorations théâtrales est absolument le même que celui des bas-reliefs;

seulement, il faut qu'une décoration ait beaucoup plus de profondeur qu'un bas-relief afin de pouvoir isoler les diverses parties les unes des autres.

La deuxième partie est un simple problème de perspective plane.

Ainsi on peut dire qu'une décoration théâtrale est le résultat de l'alliance de la perspective-relief et de la perspective plane. Nous verrons plus loin, que cette alliance est encore bien plus grande, lorsque nous exposerons les moyens pratiques d'exécution.

Dans une décoration, il faut distinguer : 1° le plan du rideau où elle commence, et ce sera celui que, dans la première partie de cet ouvrage, nous avons désigné par la lettre T ; 2° la toile de fond qui serre le plan désigné par la lettre F' représentant le plan F de la nature ; 3° la position du point de vue qui se trouve ordinairement au fond de la salle à la hauteur de la première galerie ; cela étant connu, la partie relief de la décoration pourrait donc se construire par toutes les méthodes indiquées dans la première partie de cet ouvrage et dont on a déjà fait des applications à la construction des bas-reliefs.

Cette manière nouvelle de considérer les décorations théâtrales comme devant être soumises aux lois de la perspective-relief, nous conduit à ce fait important : c'est que dans une décoration théâtrale, il existe un certain plan vertical, parallèle au rideau, placé au-delà de la toile de fond et sur lequel doivent concourir les représentations de tous les systèmes de droites ou de plans parallèles. Plan de fuite que nous avons désigné par la lettre I et sur lequel il faut distinguer particulièrement le point désigné par O où concourent les droites perpendiculaires au rideau, et l'horizontal passant par ce point, qui est la ligne d'horizon, c'est-à-dire la ligne de fuite de tous les plans horizontaux.

Avant le célèbre architecte Serlio, les artistes chargés de la construction des décorations théâtrales, faisaient concourir les systèmes de droites parallèles sur cette toile de fond qui terminait la décoration. Serlio observa qu'on ferait mieux de les faire concourir en un point situé au-delà de ce plan ; depuis lui, on a adopté cette méthode, sans jamais en expliquer les motifs. Ce point, qu'on appelait le centre de construction, était pris arbitrairement. Il est évident qu'il ne pouvait en être autrement ; il appartenait seulement aux principes de la perspective-relief de faire concevoir l'usage raisonné de ce point et du plan de fuite qui le contient. Tous les auteurs qui depuis ont écrit sur ce sujet et surtout Guido Ubaldi, n'ont même indiqué que ce point de construction, sans parler du plan de fuite.

La théorie générale des décorations théâtrales repose donc sur les principes de la perspective-relief, mais il faut reconnaître de suite que s'il fallait exécuter tout ce qui peut être représenté dans une décoration, d'après les principes de la perspective-relief, cette théorie ne pourrait recevoir des applications pratiques; nous allons voir qu'au moyen de deux observations, on peut simplifier considérablement les constructions et arriver à des résultats qui seront très-satisfaisants et qui n'exigeront pas de donner du relief aux diverses parties de cette décoration.

1° Une décoration étant faite, comme un bas-relief, pour n'être vue que d'un côté, il est évident que l'on peut supprimer la représentation de tout ce qui ne peut être vu d'aucun des spectateurs; il en résulte que la représentation d'un bâtiment limité par quatre faces verticales, le sera généralement par celle de deux de ses faces; mais ici, il n'en sera pas de même que dans les bas-reliefs, où l'on profite de cette observation pour relier entre eux et par derrière les diverses parties du sujet de manière à donner de la solidité à l'ensemble de la construction ; on laissera, au contraire, libres les parties postérieures de chaque objet de manière à faciliter la circulation des divers personnages qui peuvent figurer dans la représentation, et pour y placer des lumières qui se trouvent cachées des spectateurs.

2° La deuxième observation consiste en ce qu'il suffit de mettre en perspective-relief les plans principaux du sujet et de figurer en perspective plane, sur chacun de ces plans, les diverses saillies qui se trouvent près et en avant de ce plan; en traçant de plus tous les effets d'ombre et de lumière et la couleur des corps, on arrivera par là à un résultat qui sera plus satisfaisant que la perspective-relief même de toutes ces saillies ; ainsi, par exemple, si on doit représenter un bâtiment, il suffira de mettre exactement en perspective-relief les deux faces planes visibles, puis de tracer sur ces plans en perspective plane, les détails d'architecture non-seulement de tout ce qui appartient à ce bâtiment, mais même de ce qui en est détaché et dont la profondeur n'est point utile au jeu des acteurs. Pour représenter un arbre ou un rocher, etc., on suppose un plan passant par le milieu de cet objet et on représente, en pers-

pective plane et sur la perspective-relief de ce plan,
tout ce qui se rapporte à cet objet, et ainsi pour
tout ce qui tient à la décoration. Il en résulte que
tout le travail nécessaire à la construction d'une
décoration, consiste à savoir déterminer la perspective-relief de quelques plans choisis convenablement, puis à figurer sur ces plans tout ce qu'on
peut y mettre en perspective plane ; on comprend
alors comment la construction d'une décoration
peut s'exécuter facilement en liant la perspective
plane à celle relief ; et bien loin que par cette sim-
plification, l'effet de la décoration soit moindre, il
sera au contraire beaucoup plus satisfaisant, car,
on sait que tout ce qui est peint sur une surface
plane, peut être bien senti d'une très-grande étendue en avant de ce plan, parce que tout ce qui est
peint reste fixe, et ainsi ne change pas avec les positions diverses de l'observateur, tandis qu'il
n'en est pas de même pour des objets en relief ; ce
sont dans des limites bien plus restreintes que peut
se placer l'observateur. Il y a encore une autre raison à alléguer en faveur de la perspective plane,
c'est la difficulté d'éclairer convenablement une
perspective-relief portant sa lumière et sa couleur,
de manière à ce que la lumière artificielle employée,

ne vienne pas faire de nouvelles ombres portées en désaccord avec celles représentées. Ainsi, on voit que de toute manière, l'emploi de la perspective plane est fort utilement substitué et allié à l'emploi de celle relief.

Dans bien des cas, la direction du plan qui doit servir à représenter un objet quelconque, peut être prise arbitrairement, alors on la choisit parallèle au tableau, elle simplifie la construction de la perstive. On se permet aussi de représenter sur un même plan, deux des faces de l'objet, par exemple celles d'un piedestal portant une statue ou une colonne, etc. Cette observation nous conduira à la construction très-usitée des décorations sur une suite de plans verticaux parallèles à la toile et qu'on appelle des coulisses. Nous y reviendrons plus loin.

Appliquons maintenant à quelques exemples, la méthode simplifiée que nous venons d'exposer.

Les sujets d'une décoration peuvent se partager en deux espèces différentes : 1° ceux où il s'agit de représenter un intérieur d'édifice, soit une longue galerie d'un palais, un salon ou l'intérieur d'une chaumière, et 2° ceux où on veut figurer l'extérieur de un ou plusieurs édifices se liant avec les objets environnants et pouvant s'étendre jusqu'à l'horizon, au ciel.

Dans le premier cas, il s'agit toujours de représenter une salle rectangulaire ayant (fig. 22 et 23) pour une de ses faces, le rectangle $t^1t^2t^3t^4$ placé dans le plan de la toile ; rectangle dont on suppose la surface enlevée, afin de laisser appercevoir l'intérieur de cette salle. Admettons que dans la nature la profondeur de cette salle se termine au plan F et qu'ainsi les droites $t^1F^1, t^2F^2, t^3F^3, t^4F^4$ soient quatre arêtes parallèles de cette salle que nous supposons perpendiculaires au plan T ; supposons ensuite que ce plan F, dans le sujet, doit être représenté dans la décoration par le plan F_1. Le point de vue V étant donné au fond de la salle ; si on joint ce point V aux quatre points F^1, F^2, F^3, F^4 par des droites, elles perceront le plan F_1 aux quatre points respectifs f^1, f^2, f^3, f^4 déterminant le rectangle $f^1 f^2 f^3 f^4$ qui termine la représentation du fond de la salle ; les quatre droites t^1f^1, t^2f^2, t^3f^3, t^4f^4 seront les représentations des quatre arêtes parallèles désignées ci-dessus et comme elles sont perpendiculaires au plan T, ces quatre droites qui les représentent, iront donc concourir en un point O qui sera le centre de contraction. Par ce point menant un plan parallèle à celui **T**, on aura le plan désigné par **I**, sur lequel doit se trouver les points de fuite de toutes les droites, les lignes de fuite de tous les plans. Le sol horizontal de la salle, sera représenté par le plan incliné $t^1 f^1 t^2 f^2$ qui étant prolongé, va passer par la ligne d'horizon. Le plafond de la salle sera de même figuré par le plan $t^3 f^3 t^4 f^4$ qui étant prolongé, ira de même passer par la même ligne d'horizon. Les faces latérales seront figurées par les trapèzes $t^1 f^1 t^4 f^4$, $t^2 f^2 t^3 f^3$ qui prolongées, vont passer par la verticale du point **O**.

Si, sur toutes ces faces ainsi déterminées, on ajoute en perspective plane tous les détails d'architecture ainsi que les effets d'ombre et de lumière et la couleur, on aura une décoration représentant la salle donnée; on pourra ajouter à chacune de ces faces, les ouvertures des portes et fenêtres suivant les contours déterminés par leurs perspectives, de manière à pouvoir donner des entrées ou sorties aux acteurs.

On remarquera que dans cette représentation d'une salle, les acteurs marcheront sur un sol qui ne sera pas horizontal. Ce n'est point un inconvénient, nous allons voir que c'est même une nécessité.

La scène ne présente pas une profondeur aussi

grande que le sujet à représenter, d'où vient la nécessité de remplacer le sujet lui-même par une
figure ayant moins de profondeur, offrant la même
apparence, par conséquent d'avoir recours à la
perspective-relief; mais cependant il est des cas où
le contraire arrive; par exemple lorsqu'il s'agit de
représenter l'intérieur d'une chaumière, d'un ca-
baret, etc., pourquoi, dans ces cas, ne pas imiter
parfaitement la nature, dans ses trois dimensions?
la représentation serait fidèle et faite comme une
ronde-bosse, elle pourrait être vue de tous côtés sans
aucune difficulté et sans avoir besoin d'avoir recours à la perspective-relief.

Cette objection mérite une réponse : 1° si les acteurs marchaient sur un plan horizontal, ils paraî-
traient descendre, en s'éloignant de la rampe, pour
tous les spectateurs qui sont à l'orchestre et au
parterre. Quelque chose d'analogue arriverait pour
les faces latérales des décorations, vues par les
spectateurs placés sur les côtés de la salle.

2° Une décoration représentant l'intérieur d'une
salle, ne peut être éclairée que par la lumière de
la rampe; avec une profondeur trop grande, le
fond de cette salle manquerait de lumière.

Pour ces raisons et d'autres que nous donnerons plus loin, on est obligé d'employer, dans tous les cas, la perspective-relief et de faire marcher les acteurs sur un plan incliné. Lorsqu'il s'agit de représenter l'intérieur de très-petites salles, comme par exemple des chaumières, on diminue alors la grandeur du cadre par un rideau approprié.

En employant la perspective relief pour représenter l'intérieur d'une salle, il est un inconvénient opposé qu'il faut éviter. Si on réduisait trop fortement la profondeur de la salle, il arriverait que les portes elles-mêmes qui sont dans le fond se trouveraient réduites dans de telles proportions, que les acteurs qui, eux, ne sont pas soumis aux règles de la perspective, ne pourraient y passer.

Dans le second cas, où le sujet à représenter s'étend jusqu'à l'horizon, au ciel, les mêmes constructions seront applicables. On se donne généralement la position de la toile de fond qui doit limiter la décoration et être la représentation d'un certain plan F dans la nature, qui termine cette partie du sujet qu'on doit obtenir en perspective-relief ; ainsi on se donne le plan F₁ sur lequel doit se faire la perspective plane de toute la partie du sujet au delà du plan F. Il est évident que par des constructions analogues à celles employées ci-dessus, on arriverait à déterminer la position du plan de fuite I, sur lequel se trouve le point de contraction, la ligne d'horizon et en général tous les points et lignes de fuite de la perspective-relief.

Remarquons que nécessairement ce plan I est invisible ; d'abord parce qu'il est plus éloigné du plan T que la toile de fond et ensuite parce que ce plan, indispensable pour les constructions géométriques de la décoration, ne contient que la représentation de points ou droites à l'infini et qui par-conséquent ne sont pas à représenter.

Le sol supposé horizontal sera de même représenté par un plan incliné partant de la rampe et passant par la ligne d'horizon, mais étant censé se limiter à sa rencontre avec la toile de fond, suivant une droite à partir de laquelle la représentation se continue en perspective plane sur cette toile, sur laquelle on trace en même temps tout ce qui, dans le sujet est au-delà du plan F et qui s'aperçoit du même point de vue. Pour que cette perspective plane fasse suite à celle relief sans angle ou jarret, il faut nécessairement que les divers points et lignes de fuite de cette perspective plane soient déterminés par les mêmes droites et plans menés du point de vue, et qui servent à trouver ceux sur le plan I de la perspective-relief; c'est-à-dire, que le rayon principal VO qui va passer par le centre de contraction O, détermine aussi le point central *o* de la perspective plane; que le plan horizontal mené par V qui trace sur le plan I la ligne d'horizon, trace aussi sur la toile de fond la ligne d'horizon de ce plan, et ainsi de même pour tous les points de fuite, et alors seulement la perspective-relief et la perspective plane ne feront qu'une seule représentation du sujet. C'est pour l'inobservation de ces principes que tant de décorations sont fautives.

Les points de fuite étant déterminés sur ces deux plans I et F₁, pour terminer la décoration, il n'y aura plus qu'à tracer sur le plan F₁ une perspective plane, et entre le plan T et F₁ une perspective-relief d'après les principes connus; puis sur chacune d'elles y ajouter les effets d'ombre et de lumière, et la couleur des corps.

La nécessité de l'inclinaison du sol de la scène, se fait ici sentir bien vivement; car il n'y aurait pas moyen sans cela de faire raccorder le sol de cette scène avec la continuation de sa représentation sur la toile de fond. Nous voyons de même ici la nécessité absolue d'exécuter en perspective-relief, cette partie de la décoration qui doit avoir de la profondeur, si on veut que la perspective plane tracée sur la toile de fond en figure bien la suite.

Nous avons admis jusqu'ici que les plans correspondants F et F₁ étaient connus, de sorte qu'il en résultait, par une construction géométrique, la détermination du plan de fuite I, puis du centre de contraction O, de la ligne d'horizon, etc.; mais cette construction géométrique avec les dimensions d'une salle, offre des difficultés très-grandes. Dans ce cas il vaut mieux employer la petite formule plusieurs fois indiquée

$$E = y' \frac{y + D_1}{y - y'}$$

dans laquelle E est précisément la distance cherchée du plan T a celui I. On sait en outre que D₁ est la distance adoptée, du point de vue à ce même plan T, que y est celle du plan F qui limite la profondeur du sujet, à ce plan T, et enfin y', la distance de la toile de fond à ce même plan.

On résoudrait de même ce problème important qui, je crois, n'a jamais reçu de solution : *étant donnée, dans la nature, la profondeur de cette partie du sujet qu'on doit mettre en perspective-relief;*

connaissant d'ailleurs, d'après la construction du théâtre, l'inclinaison du sol de la scène et la position du point de vue d'où résulte la position du plan I, on demande quelle doit être la position de la toile de fond pour représenter exactement le plan vertical qui limite le sujet. On emploierait dans ce cas la formule

$$y' = y \frac{E}{D + y}$$

dans laquelle D est la distance du plan V à celui I et y' celle cherchée de la toile de fond au plan T. Ce problème eût pu d'ailleurs, comme le précédent, se résoudre par une construction géométrique.

Pour construire la partie relief de la décoration, nous avons déjà dit que cela se réduisait à déterminer la perspective-relief des plans principaux du sujet et à tracer sur chacun de ces plans une perspective plane de toutes les saillies, détails d'architecture et même de tout ce qui pouvait se rattacher à ce plan. Ainsi le toit d'un édifice, les cheminées, etc., se représentent sur le plan d'une des faces. On peut à la rigueur, dans certaines circonstances, représenter deux faces du même bâtiment, ou de bâtiments voisins sur un même plan. Dans

tous les cas ce qu'il faut avoir soin d'observer, c'est
que les points de fuite, sur chacun de ces plans,
soient déterminés par les mêmes droites partant
du point de vue, comme nous l'avons indiqué pour
la toile de fond, afin qu'il y ait de l'ensemble et de
l'unité dans la décoration.

La grandeur des toiles sur lesquelles se peignent
les décorations, est un obstacle presqu'insurmon-
table pour la détermination des divers points de
fuite indiqués ci-dessus, et parconséquent pour le
tracé des décorations par leur emploi; la méthode
la plus simple à employer me semble la suivante :

1° Dans tout théâtre, l'inclinaison du sol de la
scène est donné d'avance, elle ne peut se modifier
sans de grand frais, elle peut être variable d'un
théâtre à un autre, mais elle est fixe pour chacun
d'eux.

2° Le point de vue devrait être fixe, d'où résulte
nécessairement la détermination du plan I, du centre O de contraction, de la ligne d'horizon, et des
autres points de fuite, et ces déterminations peuvent se faire, non par des constructions géométriques, mais par des calculs numériques très-simples.

3° Cela étant déterminé, il sera facile de tracer

sur le plan incliné du sol de de la scène, une échelle de perspective comme elle est indiquée (fig. 23) formant ainsi un treillis perspectif dont on connaît l'usage; cette échelle sera fixe, invariable pour toutes les décorations, de sorte qu'elle pourra servir à leurs constructions. Comme cette échelle ne se trace qu'une seule fois, il est facile avec les données numériques obtenues précédemment de la déter- miner par le moyen de nombres, sans avoir besoin d'employer le centre O de contraction et les points de distance, qui sont beaucoup trop éloignés. Cette échelle une fois tracée sur le sol de la scène, l'exé- cution d'une décoration devient une chose facile pour tous ceux qui connaissent la perspective ordi- naire : Ainsi (fig. 23) on voit la représentation d'un bâtiment : ainsi connu le coin a est à 2 mètres à droite du plan principal VO, et à 1 mètre de pro- fondeur; le côté $ab = 3^m$, celui $ac = 4^m$. Les direc- tions de ces deux droites sont ainsi données.

Remarquons en effet, qu'au moyen de l'échelle tracée, on trouve de suite la position du point a ainsi que d'un point quelconque de la base de l'édifice; il suffit de déterminer pour chacun d'eux, à *priori*, ses distances aux deux plans ci-dessus, on aura alors facilement sa perspective sur le sol. De

plus cette échelle donne non-seulement la longueur
perspective de l'unité métrique, sur l'horizontale
d'un point quelconque, mais elle convient également pour la verticale de ce point et même pour
toutes les droites qui sont dans un même plan parallèle au plan T; ainsi il suffit de connaître ce
qu'on appelle les trois coordonnées d'un point,
pour avoir de suite au moyen de cette échelle, sa
position en perspective-relief. On voit alors que les
horizontales des faces d'un bâtiment s'obtiendront
par les droites qui joindront les points déterminés
sur les arètes opposées de cette face, et ainsi de
suite, sans avoir besoin des points de fuite vers lesquels ses droites concourent, etc. Je crois donc
devoir insister sur le tracé de cette échelle sur le sol
de chaque théâtre ; en peu de temps elle deviendra
familière à tous ceux chargés des décorations. De
sorte que, lorsqu'en un point de la scène, il faudra
élever la représentation d'un objet quelconque, il
n'y aura plus de difficultés. La méthode de construction des décorations de théâtres, que nous venons
d'exposer, repose sur la connaissance des coordonnées de chaque point, qui peuvent être données
par les projections horizontale et verticale du sujet;
quoique d'une exécution facile, elle demande ce-

pendant à être employée avec intelligence, car elle doit satisfaire à plusieurs conditions qu'il est néces-cessaire d'exposer.

D'abord, il est bien vrai qu'entre le plan du rideau et la toile de fond, quelle que soit la distance qui sépare ces deux plans, on peut y représenter la perspective-relief d'un sujet ayant une profon-deur quelconque, mais observons que si entre cette profondeur et la distance donnée entre les deux plans ci-dessus le rapport est trop grand, les dégra-dations perspectives qui en résulteront seront trop rapides pour ne point se trouver trop évidemment en désaccord avec les acteurs qui, comme je l'ai dit, ne sont point soumis à cette dégradation.

Comme dans une décoration théâtrale, il y a toujours beaucoup de choses qu'on peut prendre arbitrairement, on doit les déterminer de manière à satisfaire aux conditions suivantes :

Il faut que la scène offre un espace libre pour le jeu des acteurs, avec des dégagements faciles pour les nombreux personnages qui peuvent figurer dans une pièce.

Il est nécessaire que chaque plan de la décora-tion soit fait avec des matériaux très-légers, sus-ceptibles de se déplacer facilement quelquefois même très-rapidement pour pouvoir être remplacé par un autre.

Dans le choix des plans du sujet à mettre en perspective-relief, il faut faire attention à ce qu'aucun des spectateurs ne puisse les voir par derrière, et cependant que la représentation d'un bâtiment quelconque n'exige que deux plans.

Il faut encore s'arranger de manière que les spectateurs ne puissent voir, entre les intervalles laissés entre chaque partie des décors, l'intérieur du théâtre où sont les machinistes, et où se retirent les acteurs, et pour cela créer, s'il est nécessaire, des massifs d'arbres, ou des rochers, des bâtiments.

Il est nécessaire, par la même raison, de lier la représentation du ciel qui est sur la toile du fond, avec celle qui peut exister en avant de cette toile, au moyen de toiles convenablement disposées dans la partie supérieure du théâtre.

Enfin, et le plus difficile, il faut choisir convenablement les emplacements des lumières qui doivent éclairer chaque surface, et ne pas être vues des spectateurs. Pour cela, il est quelquefois utile d'ajouter un arbre, un rocher, etc., qui sert à dissimuler les lumières qu'on place derrière.

L'effet que produit une décoration, tient en outre beaucoup aux talents de l'artiste chargé de peindre, toutes ces toiles. Ces peintures quoique exécutées par des manœuvres d'une manière très-large comme l'exige ce genre de travaux, doivent être cependant dirigées par une entente très-grande de tous les effets d'ombre et de lumière.

La construction d'un décoration théâtrale repose, comme on vient de le voir, sur quelques principes bien simples de la perspective-relief, et nécessite ainsi l'intelligence du plan de fuite. Il nous reste à exposer, comment depuis longtemps on exécutait empiriquement la construction des décorations, et comment cela se fait encore sur presque tous les théâtres.

Pour bien concevoir cette méthode empirique, il faut connaître l'intérieur d'une salle de théâtre. Le bâtiment qui doit contenir la scène, est de forme rectangulaire, plus profonde que large, et très-élevé ; le sol est profondément excavé.

A une hauteur convenable se place un plancher qui doit servir de sol à la scène. Ce plan a une inclinaison vers les spectateurs. Cette inclinaison est déterminée par les raisons que nous avons indiquées, elle peut être variable d'un théâtre à l'autre, mais elle est fixe pour une même scène ; on sent combien il serait dispendieux de faire varier cette partie de la construction qui demande beaucoup de solidité. Dans les théâtres où l'on danse, cette inclinaison est plus grande.

De chaque côté de la scène, toute la profondeur du théâtre est divisée en parties égales ou inégales, par de grands plans verticaux formés par des cadres en charpente légère recouverts de toile, qu'on appelle des coulisses ou portants. Ces coulisses sont généralement parallèles à la toile, elles reposent sur le sol de la scène, dans des rainures, et sont soutenues dans la partie supérieure par la charpente ; elles peuvent ainsi avancer ou reculer vers l'axe de la salle parallèlement à la toile. Si on conçoit qu'une rainure soit double, elle peut porter deux coulisses qui peuvent instantanément se substituer l'une à l'autre.

Chaque coulisse de droite correspond ordinairement à une de gauche, avec laquelle elle est reliée dans la partie supérieure, par une bande de toile destinée à représenter le ciel, les nuages, etc., et qu'on désigne sous le nom de bande d'air.

La distance d'une coulisse à la suivante, peut être variable ; mais dans chaque théâtre, elle est déterminée par la position des coulisseaux qui sont solidement fixés dans le sol. On conçoit cependant qu'on peut à volonté, en supprimer ou même en ajouter, de manière à augmenter ou diminuer ces distances.

Chaque coulisse peut porter sur sa surface postérieure, des lumières avec réflecteurs, qui seront dissimulées aux yeux des spectateurs, et serviront à éclairer convenablement la coulisse suivante et ainsi successivement ; de sorte que la scène est éclairée généralement de deux manières : 1° par une suite de lumières qu'on nomme la rampe, et 2° par celles que nous venons d'indiquer.

Outre les coulisses dont nous venons de parler, qui peuvent à volonté rétrécir ou agrandir la scène, il existe dans le sol des trappes qui permettent d'élever, dans le milieu de la scène, des plans auxiliaires servant à représenter des objets isolés.

Dans chaque théâtre, il y a dans les combles plusieurs grandes toiles de la largeur de la scène; elles sont roulées, ou pliées de manière à pouvoir s'abaisser à volonté, et raccourcir ou allonger la profondeur de cette scène. Ces dispositions étant bien comprises, voici comment on peut concevoir la construction des décorations dans cette méthode.

L'artiste chargé de ce travail doit être un homme fort habile, connaissant toutes les ressources qu'offrent la perspective et les couleurs pour produire des illusions, tels sont à Paris, MM. Ciceri, Cambon...; il prend une toile, ou une feuille de papier d'une dimension ordinaire, et représentant la toile qui sert de rideau à la scène, elle a donc avec ce rideau des proportions déterminées. Alors ayant bien conçu le sujet qu'il veut représenter, et aidé par toutes les vues du site qu'il a pu se procurer, il trace sur cette feuille avec du fusain, ou un crayon, la représentation du sujet; ce n'est d'abord qu'un simple croquis, souvent il recommence, ou se corrige, jusqu'à ce qu'il arrive à être satisfait de son travail; il ajoute les effets d'ombre et de lumière, et enfin produit un dessin qui représente l'apparence que la décoration elle-même doit offrir.

Supposons maintenant qu'on transporte sur le rideau de la salle, ce dessin, en l'agrandissant dans un rapport convenable, et en traçant rigoureusement la perspective des lignes, et en déterminant exactement les effets d'ombre et de lumière, puis enfin qu'on le termine complètement par la peinture, de manière à en faire un véritable tableau, ayant son point de vue en un point quelconque de la salle, peut-être même en dehors; ce tableau pourra produire beaucoup d'effet, non seulement pour le spectateur placé à ce point de vue de la construction, mais pour ceux placés en un point quelconque de la salle; c'est ainsi que presque tous nos théâtres, offrent sur leur rideau, la vue d'un sujet, qui souvent se réduit à la représentation des plis d'un ample rideau soutenu par des torsades, et orné de crépines d'or et de différentes broderies.

Ce tableau sur le rideau étant bien conçu, imaginons que le cône perspectif qui a ce tableau pour base, et dont son sommet est le point de vue de la construction, soit prolongé vers la scène, il est évident qu'alors les rayons de ce cône iront rencontrer les plans des différentes coulisses, les bandes d'air, les plans auxiliaires interposés suivant le besoin, et enfin la toile de fond. Admettons alors que chacun des rayons de ce cône, laisse à son intersection avec une de ces toiles la couleur du point dont il émane, il en résultera nécessairement que pour le point de vue, tous ces points auront la même apparence que le tableau lui-même, et avec quelques précautions que nous allons donner, elle formera une décoration théâtrale assez satisfaisante pour un grand nombre de spectateurs.

Les précautions à prendre consistent en ce que :

1° Il faut que chaque coulisse contienne des parties entières du sujet; ainsi des portes, fenêtres, cheminées, tableaux ne peuvent pas se trouver en partie sur l'une et en partie sur l'autre;

2° De même, il est nécessaire que des droites architecturales, comme celles qui composent des frises, des corniches, etc., se trouvent sur le même châssis, au moins d'une colonne à une autre.

3° Chaque coulisse doit porter une partie de la décoration plus grande que celle strictement nécessaire pour le point de vue, afin que pour les spectateurs placés obliquement, une coulisse vienne toujours recouvrir la suivante avec continuité de représentation, et ne laisse pas des vides par lesquels on apercevrait les machines et le lieu où se retirent les acteurs. On conçoit qu'on peut éviter cet inconvénient en élevant de légers châssis verticaux placés dans des directions convenables.

On peut déterminer exactement ce qui doit être tracé et peint sur la toile de chaque coulisse par la construction suivante. Supposons que sur le rideau de la toile sur laquelle on a peint le tableau, on mette en perspective plane, les divers plans des coulisses, et la toile de fond, par celle de leurs traces sur le sol de la scène. Cela étant fait, remarquons que la largeur de chaque coulisse est arbitraire, qu'on peut la limiter suivant un contour quelconque, que les coulisses sont mobiles et peuvent à volonté se rapprocher ou s'éloigner de l'axe de la scène, il sera facile d'arrêter sur le tableau le profil de chacune d'elle, là où on le jugera convenable. On peut voir en même temps s'il convient d'en supprimer ou d'en ajouter quelques-unes ; on déterminera par le même procédé tout ce qui doit figurer sur la toile de fond. Ce travail étant achevé, il ne restera plus qu'à transporter sur chaque toile la partie du sujet qui lui appartient sur le tableau, en observant qu'une figure sur ce tableau, et sa représentation sur la toile de la coulisse correspondante, sont des figures semblables dont le rapport des grandeurs est égal à celui des distances du rideau et de la coulisse considérée au point de vue. Travail qui ne présente plus de difficulté.

Nous avons supposé qu'on commençait par peindre sur le rideau, la vue de la décoration ; mais il est évident que cela serait très-dispendieux, fort difficile et n'est pas absolument nécessaire ; cette supposition n'avait pour but que de bien faire concevoir la méthode de construction des décorations théâtrales que nous exposons; il suffit d'avoir un tableau bien fait, tracé sur une surface représentant le plan de ce rideau, avec lequel il a des rapports de grandeur connus; on peut sur ce tableau déterminer de même la partie qui appartient à chaque coulisse; seulement, il faudra ensuite la transporter sur celle correspondante du théâtre, en augmentant les dimensions dans un rapport facile à déterminer.

Voici comme cela s'exécute ordinairement. Un artiste peint d'abord le tableau de la décoration avec tous les effets d'ombre et de lumière, quelquefois même il se contente d'exécuter, au crayon, un croquis du sujet. Ce tableau, ou ce dessin est donné à un autre artiste connaissant, à fond, les principes géométriques de la perspective, sachant bien déterminer les effets d'ombre et de lumière, les points brillants, etc. Celui-ci commence par refaire ce dessin en le soumettant à tous les principes de la perspective, absolument comme le font la plupart de nos peintres de tableau avant de peindre une toile.

Après avoir tracé exactement les effets d'ombre et de lumière, il peut, s'il le juge convenable, y joindre les couleurs et en faire un véritable tableau.

Il détermine aussi l'emplacement des coulisses, des toiles de fond, et alors il en conclut la partie de la décoration qui appartient à chaque toile. Nous avons dit que chaque coulisse a une largeur plus grande que celle absolument nécessaire pour un observateur placé exactement au point de vue, il s'en suit que les représentations perspectives de ces coulisses sur le tableau, se cacheraient mutuellement, aussi l'architecte refait après cela pour chaque coulisse isolément la partie de la décoration qui la concerne et dans une dimension plus grande que celle du tableau, mais qui cependant est loin d'être égale à celle de la coulisse du théâtre; cette augmentation d'échelle lui permet de déterminer plus exactement la perspective de cette partie de la décoration contenue sur chaque toile et surtout d'y tracer les effets d'ombre et de lumière. Ce travail étant achevé pour chaque coulisse, il est remis aux mains d'autres artistes chargés de transporter, par le moyen de carreaux de réduction, sur les châssis eux-mêmes; alors, après le tracé linéaire ainsi exécuté, des ouvriers viennent, sous la direction de l'architecte, peindre, avec de grandes brosses attachées au bout de longs manches et d'une manière fort expéditive, tous les effets indiqués. De près, ces peintures sont fort loin de représenter quelque chose; mais ces toiles mises en place, si elles ont été exécutées sous un chef intelligent, si elles sont éclairées convenablement, font, comme on le voit sur nos théâtres, des effets surprenants.

L'architecte chargé d'une décoration doit avoir beaucoup de connaissances diverses. On voit qu'il lui faut surtout une connaissance approfondie des principes de la perspective et des divers moyens qu'on peut employer pour éviter de se servir des points de concours pour des dessins d'une aussi grande dimension. Ces artistes font entre eux mystère de divers petits procédés pratiques qu'ils emploient; mais évidemment ce ne sont pas des secrets pour ceux qui connaissent bien la science; ces petits procédés sont trop nombreux pour les indiquer ici. L'échelle de perspective tracée sur le sol de la scène simplifierait d'ailleurs beaucoup ces constructions.

Le mode de décoration théâtrale par coulisses, que nous venons d'exposer, a quelques avantages qu'il faut faire connaître avant de parler de ses inconvénients.

On voit d'abord que la scène, ainsi divisée par

des coulisses, offre de nombreux et faciles dégagements pour les acteurs et les figurants ; ensuite, que les positions successives des coulisses permettent d'éclairer chacune d'elles au moyen de lumières garnies de réflecteurs placées derrière la coulisse qui précède et cachées ainsi aux spectateurs.

Les coulisses étant toutes parallèles à la toile, on a vu combien il était facile de tracer sur chacune d'elles la partie de la décoration qui lui appartient.

Elles sont très-faciles à enlever et remplacer presqu'instantanément au moyen d'une double rainure. Ce système est donc très-avantageux dans les changements à vue.

Les coulisses se prêtent très-facilement au jeu des toiles qui, du comble, s'abaissent sur la scène, ainsi qu'aux ouvertures des trappes qui servent à élever des coulisses auxiliaires de dessus la scène.

Dans quelques théâtres, au lieu de faire les coulisses parallèles au rideau, on leur a donné une légère inclinaison vers l'axe, de sorte qu'elles se recouvrent mieux et cachent ainsi l'intervalle par où des spectateurs peuvent apercevoir l'intérieur du théâtre ; mais alors le tracé devient bien plus difficile.

A côté des avantages que les coulisses présentent, nous allons signaler des inconvénients :

1° Elles ne peuvent servir à représenter l'intérieur d'une salle ; il faut, dans ce cas, avoir recours nécessairement aux principes de la perspective-relief, au moyen desquels chaque face de cette salle est représentée par un plan.

2° Elles ne conviennent pas non plus lorsqu'on doit représenter la façade d'une maison, où les portes et les fenêtres sont nécessaires au jeu des acteurs.

3° Cette méthode des coulisses convient fort mal à la représentation de sujets où se trouvent de longues droites architecturales qui doivent se trouver sur plusieurs coulisses ; il n'y a absolument que le point de vue pour lequel toute droite qui se trouve à la fois sur plusieurs puisse simuler une même droite.

4° Les coulisses ne satisfont pas aux principes de la perspective-relief, qui veut, non-seulement qu'à un point du sujet corresponde un point de la perspective-relief, mais à une droite une autre droite et à un plan un autre plan ; alors elles occasionnent des erreurs de représentation très-sensibles et que les décorateurs ne s'expliquent pas. Par exemple,

supposons qu'il s'agisse de représenter une longue
galerie perpendiculaire à la toile et formée par une
suite de colonnes ou pilastres également espacés;
pour exécuter, d'après les principes, cette décoration, il faudrait supposer des plans passant par l'axe
de chaque colonne et parallèles à la toile, mettre
ces plans en perspective-relief et prendre ensuite
sur chacun d'eux la perspective de la colonne correspondante; or, tous ces plans équidistants seraient représentés en perspective-relief par des
plans se rapprochant de plus en plus, suivant les
dégradations de l'échelle de perspective que nous
avons donnée; et alors il arrivera que les axes des
colonnes qui sont d'un même côté, seront dans un
même plan, passant par le centre de contraction;
au lieu de cela, la position des coulisses est donnée d'avance; elles sont souvent à des distances
égales, par conséquent représentant dans la nature
des plans inégalement distants. Si cependant on
représente sur chacun d'eux la perspective d'une
colonne, il arrive ce fait assez curieux que les axes
ne sont plus comme tout à l'heure dans un même
plan, ils se trouvent pour tous les spectateurs, à
l'exception de celui qui est au point de vue, sur
une surface courbe qui ne peut représenter la galerie

qui est droite. La raison en est bien simple, c'est que la construction ne satisfait nullement aux principes de la perspective-relief. Dans ce cas et beaucoup d'autres semblables, les décorateurs sont obligés de remédier par des *à peu près* à cet inconvénient très-grave.

On pourrait supposer les coulisses disposées suivant l'échelle fuyante de perspective ; mais alors comme elles sont fixes, elles ne conviendraient qu'à des intervalles égaux, dans le sujet, mais toujours les mêmes pour toutes les décorations.

5° Nous avons dit que l'architecte décorateur traçait un tableau sur un plan représentant la toile ; il ne s'inquiète pas toujours du lieu où se trouvera le point de vue de la décoration, de sorte qu'il peut être variable d'une décoration à l'autre ; c'est un tort qui engendre encore des erreurs de représentation. Nous avons exposé que le sol de la scène est un plan d'une inclinaison fixe, il représente cependant le sol censé horizontal du sujet ; ce plan prolongé doit donc passer sur la ligne d'horizon du plan de fuite I, ligne qui est aussi dans le plan horizontal passant par le point de vue, et c'est par cette droite que passe le plan de fuite ci-dessus. Or, si le point de vue n'est pas le même pour toutes les décorations, il s'ensuit que ce plan est lui-même variable ; d'où il résulte que si on se donne dans le sujet le plan F qui limite cette partie qu'on veut obtenir en perspective-relief, le plan F₁ de la toile qui lui correspond est déterminé de position ; ou réciproquement, si on se donne F₁, alors celui F est connu. Or si on n'a pas égard à cela, il en résulte que la toile de fond ne représente plus ce plan F, et alors il n'y a plus d'accord dans les raccordements avec le sol. On peut bien faire varier le point de vue ; mais alors il faudrait, comme nous l'avons indiqué, déterminer la position de la toile de fond correspondante à un plan F donné.

Par cette remarque et la précédente, on voit comment il se fait que souvent les colonnes ou les piédestaux ne se raccordent pas avec le sol. On éviterait une partie de ces inconvénients en prenant pour point de vue un point fixe de la salle, qui avec le plan fixe du sol de la scène rendrait fixe le plan de fuite I, pour toutes les décorations, et alors on saurait à quelle profondeur du sujet correspond chaque toile de fond que l'on peut faire descendre des combles.

Les coulisses conviennent parfaitement pour représenter des choses irrégulières, comme une forêt, des rochers, etc.

En définitive, les deux méthodes s'allient dans presque toutes les décorations. Les bâtiments se représentent par la première, et les arbres et rochers, etc., par la seconde.

Cette méthode de construction des décorations au moyen de coulisses est très-ancienne ; elle est satisfaisante dans bien des cas. Cependant il en est beaucoup, comme on voit, où elle ne suffit pas ; il faut alors avoir recours aux principes de la perspective-relief, modifiés convenablement comme nous l'avons indiqué ci-dessus.

Dans l'art des constructions théâtrales, il est une infinité de rubriques ou ficelles connues des artistes, et qui ont toutes pour but de surprendre le spectateur par des effets de lumière ou par des changements à vue. Nous n'entrerons point dans cette partie qui n'est point de notre ressort. Nous nous contenterons d'avoir fait connaître la liaison qui existe entre les décorations théâtrales et la perspective-relief.

DES THÉATRES EN PLEIN AIR.

Dans les fêtes publiques, on construit des théâtres

en plein air, où toute la salle se trouve être un immense parterre ; il s'en suit que le sol des théâtres, qui est plus élevé que celui des spectateurs, doit nécessairement présenter cette inclinaison indiquée, sans laquelle les acteurs sembleraient descendre en s'éloignant de la rampe ; d'où résulte la nécessité d'employer les principes de la perspective-relief. Les décorations ne diffèrent pas d'ailleurs de celles usitées dans les théâtres ; on emploie presque exclusivement les coulisses qui offrent de larges dégagements pour les nombreux personnages qui figurent ordinairement dans les pièces populaires représentées sur ces théâtres. Les représentations ayant lieu souvent le jour, le théâtre lui-même ne doit pas être couvert afin de laisser arriver la lumière.

DES DÉCORATIONS EN PLEIN AIR.

Les décorations ont en général pour but de représenter dans un espace resserré un sujet d'une plus grande profondeur, et enfin de produire de grands effets avec de petits moyens. Elles peuvent être employées avec succès dans diverses circonstances, non-seulement lorsqu'elles sont renfermées dans un bâtiment et vues seulement par un cadre formant tableau, mais lorsqu'elles sont placées en plein air, se reliant aux accidents divers du sol. Les Italiens, dans le moyen-âge, employaient habilement ce genre de décoration dans les fêtes publiques; on a conservé le nom d'architectes qui se distinguaient dans ce genre de construction. Il y a quelques années, dans une fête publique, au Champ-de-Mars, on a exécuté avec succès une décoration de ce genre..

Ces décorations servent ordinairement à représenter une action militaire, où se trouvent un grand nombre de troupes d'infanterie, de cavalerie, d'artillerie, et qui ont besoin d'un espace pour se développer, qu'on ne trouverait pas dans un théâtre fermé: alors on profite d'un terrain déjà pittoresque, offrant, s'il est possible, des lointains, et sur lequel on construit dans de grandes dimensions des châteaux forts, des tours, des fortifications, etc.; on supprime complètement le rideau et le cadre des théâtres, ainsi que la toile de fond; la nature même devant servir dans ce cas, on profite de tous les accidents de terrains, des ruines, des arbres, etc., pour les relier à la décoration.

Les principes de la perspective-relief sont encore là applicables; s'il n'y a pas de rideau au premier plan, il faut en concevoir un où est censé commencer la représentation et un autre parallèle où elle doit finir, et c'est entre ces deux plans qu'il faut construire une représentation d'un sujet conçu et d'une bien plus grande profondeur que la distance qui les sépare. Or il faut remarquer que des arbres, des ruines, des rochers, etc., peuvent appartenir aussi bien à la perspective-relief qu'au sujet, leur irrégularité sert même beaucoup pour qu'on puisse les confondre avec la représentation, ce qui alors augmentera beaucoup l'illusion.

La construction de ces décorations est très-facile. il suffit de choisir, avec les deux plans ci-dessus, un point de vue à une distance convenable, puis de construire la perspective-relief des plans principaux du sujet sur chacun desquels on trace en perspective plane, toutes les saillies, les détails de constructions, enfin tout ce qui peut enjoliver le sujet ; il faut conserver seulement les faces visibles, s'arranger de manière à ce qu'elles se raccordent avec le sol et les arbres de la nature, et avec un peu d'adresse, en peignant le tout fort largement, on arrive à faire des décorations qui font d'autant plus d'effet, qu'une partie de la décoration est la nature elle-même, que le ciel et quelquefois les lointaines

l'horizon, etc., se relient avec elle. Comme on ne
tient pas à la représentation exacte d'un sujet, on
voit qu'on a toute la latitude possible pour placer
où il est nécessaire les tours, clochers, bâtiments,
fortifications, etc., laisser tous les dégagements
nécessaires aux mouvements des troupes.

Ce genre de décoration, peu employé actuelle-
ment, devrait, ce me semble, être préféré aux
théâtres qu'on construit pour les fêtes publiques,
il offre beaucoup plus de ressources.

DES DIORAMA ET PANORAMA.

Un diorama est un tableau destiné à faire illusion complète aux spectateurs. Pour arriver à cette
illusion on prend les dispositions suivantes :

Il est évident qu'il faut, avant tout, que le tableau soit construit d'après les règles de la perspective linéaire et aérienne, et peint avec tout le
talent possible.

Ensuite on place les observateurs dans un espace
sur l'axe duquel se trouve le point de vue de la
construction, de manière qu'on ne puisse s'éloigner beaucoup de ce point, puis on les met dans
une obscurité complète.

Le tableau ne s'aperçoit que par une large ouverture formée par un cadre qui peut se fermer, comme dans un théâtre, par un rideau. Ce cadre est éloigné du tableau et des spectateurs.

Le tableau est éclairé par la lumière diffuse du ciel au moyen d'ouvertures dissimulées aux spectateurs. Ces ouvertures peuvent quelquefois se fermer de manière à diminuer la lumière, de sorte que le tableau semble passer du jour à la nuit par une dégradation insensible. On a soin que la lumière solaire ne vienne pas éclairer le tableau, car elle y produirait des effets qui viendraient nuire à la représentation, puisqu'un tableau, comme on le sait, porte sa lumière et ses ombres.

Au moyen de ces précautions, si le tableau est bien fait, l'illusion est complète ; on croit voir la nature elle-même.

On a augmenté, depuis quelque temps, les résultats obtenus par les dioramas. On peint sur la toile, par des procédés bien connus, un tableau qui ne se voit que par transparence ; de sorte qu'au lieu d'éclairer la toile par sa face tournée vers les spectateurs, elle l'est par derrière. On peut ainsi presque instantanément changer un tableau vu par réflexion en un autre vu par transparence. Si on a peint sur les deux faces le même tableau, comme serait l'intérieur d'une église, on peut d'abord faire voir cette église sans personnages, puis ensuite la même église remplie de monde et illuminée.

Nous avons dit qu'entre la toile et le cadre existait un espace vide plus ou moins grand, les spectateurs ne doivent donc pas s'approcher de ce cadre qui leur permettrait de voir les limites du tableau, le sol de l'édifice; on a perfectionné le diorama en introduisant entre ces deux plans et en relief, des objets destinés à figurer ceux que l'on peut supposer exister dans la nature, entre le plan que représente le cadre et celui que représente la toile. Or il est évident que cette partie de la représentation doit être construite d'après les principes de la perspective-relief, si on veut qu'elle se lie avec ce qui est peint sur le tableau. Le diorama devient alors une décoration théâtrale composée de deux parties, l'une ayant du relief et l'autre plane sur la toile du fond; seulement dans le diorama il n'y a pas de personnages vivants se déplaçant; on peut donc entre les deux plans ci-dessus, représenter en perspective-relief une profondeur plus ou moins grande du sujet. Certaines décorations théâtrales deviennent quelquefois de véritables dioramas, par l'illusion qu'elles procurent. On met les spectateurs dans une demi-obscurité en diminuant la lumière du lustre, et par des lumières artificielles bien ménagées on parvient à de très-grands effets.

On sait aussi que dans les décorations théâtrales on se sert de la transparence d'une toile de fond, pour représenter la lune, les étoiles et même le soleil et produire des effets divers.

Les panoramas sont des tableaux, peints sur une toile cylindrique, destinés à représenter tout ce qu'on peut voir d'une lieu élevé en suivant tout le tour d'horizon.

Pour arriver à l'illusion on prend les mêmes précautions que pour les dioramas; c'est-à-dire qu'on place les spectateurs dans un cylindre représentant un édifice, le point de vue étant sur l'axe de ce cylindre, et on les place dans une demi-obscurité.

Le tableau cylindrique est éclairé de même par des ouvertures dans la toiture, cachées aux spectateurs; on évite particulièrement l'introduction des rayons solaires sur la toile qui, étant cylindrique, donnerait naissance à des effets d'ombre et de lumière bien plus sensibles que dans les dioramas et qui nuiraient entièrement à la représentation, on s'efforce même de ne laisser entrer circulairement qu'une lumière bien égale.

L'emploi de la perspective-relief peut de même ici servir à relier le tableau cylindrique, avec le cylindre qui est censé terminer l'édifice sur lequel se trouvent les spectateurs.

La différence des rayons de ces deux cylindres étant connue ainsi que la distance qu'elle est censée représenter dans la nature, on peut déterminer en perspective-relief les objets qui y sont contenus. Pour cela, l'objet à représenter étant donné de grandeur et de position, on considère un plan passant par l'axe du cylindre et par le milieu de cet objet. Ce plan coupe les deux cylindres suivant deux arêtes, on mène suivant ces arêtes deux plans tangents aux cylindres, ils sont parallèles; l'un représente le plan T et l'autre celui F, et alors on exécute la perspective-relief du sujet d'après les principes connus.

APPLICATION DES PRINCIPES DE LA PERSPECTIVE-RELIEF AUX CONSTRUCTIONS ARCHITECTURALES.

Des apparences.

La vue est celui de nos sens le plus sujet à erreur, aussi les illusions qu'elle produit sont très fréquentes, on peut en citer de nombreux exemples.

Les anciens avaient fait une étude spéciale de ces erreurs de la vue, il en était résulté une science à laquelle ils avaient donné les divers noms *d'Opticus*, *Perspectiva*, *de Aspectibus*, et que nous pouvons traduire par *des Apparences*. Plusieurs de leurs ouvrages sur ce sujet nous sont parvenus ; ainsi l'Opticus de Ptolémée, la Perspective d'Euclide, ne sont, malgré leurs titres, que des traités de la science des apparences. Cette science a encore été cultivée au moyen-âge, comme le prouvent les ouvrages d'Alhazed, Vitellion, Peccam, Roger-Bacon et autres. Mais à cette époque, elle a donné naissance à deux sciences nouvelles, l'Optique et la Perspective moderne. Dans le commencement, les

traités d'optique et de perspective commençaient
toujours par un exposé de la science des apparences. Peu à peu celle-ci fut négligée et enfin dis-
parut entièrement. On ne trouve plus parmi les
modernes que Lacaille qui, en 1750, dans son
optique, a cru devoir traiter ce sujet avec assez de
développements. On peut se demander si l'abandon
de cette science est bien motivé; je crois pouvoir
répondre que non. Il est bien vrai que l'optique
moderne contient beaucoup d'observations qui se
trouvaient dans les traités des apparences, par
exemple ce qui concerne la lumière réfléchie, ré-
fractée, etc.; que dans la perspective moderne on
se sert des lois qui étaient indiquées dans ces ouvrages; cependant il reste, je trouve, assez d'observations intéressantes, et qui peuvent recevoir des
applications utiles, pour en faire une étude spéciale.
Les anciens ne connaissaient pas notre science
moderne de la perspective, ou, au moins, ils ne
nous ont rien laissé sur ce sujet; tout porte à croire
que, dans leurs travaux de peinture, de sculpture
et surtout d'architecture, ils étaient dirigés par
cette science des apparences sur laquelle ils avaient
des ouvrages composés par des savants comme
Euclide, Ptolémée, etc.

Nous nous proposons, dans ce chapitre, de faire revivre quelques principes de cette science, qui a en partie pour base la perspective-relief, de faire sentir les applications qu'on peut en faire à l'architecture, et qui peuvent servir à expliquer et modifier l'apparence que présentent nos grands édifices.

On sait qu'un objet nous est rendu visible par l'ensemble des rayons lumineux qui, partant de chacun de ses points, arrivent à l'œil de l'observateur, formant ce qu'on appelle le cône perspectif; or, il est évident que ce cône ne nous procure que le sentiment de ce qu'on peut appeler le contour apparent, de l'ensemble, ou de chaque partie de l'objet, et que cela ne suffit pas pour nous donner une idée exacte sur ses dimensions et sa forme; il nous faudrait connaître en outre les distances absolues et relatives de tous les points à l'œil, et pour cela, l'observer de différents points, et mieux encore, joindre le sens du toucher à celui de la vue. Dans l'impossibilité où l'on se trouve presque toujours de satisfaire à ces conditions, il faut y suppléer par une opération particulière de l'esprit, dépendant quelquefois de la réflexion ou de l'habitude, quelquefois de l'imagination, qui appréciant approximativement ces distances absolues et relatives;

donne une forme particulière à ce que le cône perspectif laisse d'incertain. Lorsque l'objet que l'on regarde est à une petite distance de l'observateur, comparable à celle qui sépare les deux yeux, il y a ici un critérium qui guide le jugement, c'est la distance de ces deux yeux, qui est la base de triangles qui permettent d'estimer les distances absolues et relatives de chaque point, de sorte qu'on a une idée exacte de l'objet ; mais si la distance de l'objet à l'œil augmente, alors l'incertitude commence, un peu plus loin il peut y avoir illusion ; la distance des deux yeux ne peut plus servir alors à rectifier le jugement ; les objets apparaissent comme s'ils n'étaient vus que d'un seul œil.

Nous avons vu, dans le cours de cet ouvrage, que deux corps qui sont perspectifs-reliefs réciproques l'un de l'autre, ont même cône perspectif, de sorte que deux points homologues sont toujours sur le même rayon passant par l'œil ; il en résulte donc que si les points homologues sont teintés, pour l'œil, de la même manière, les deux objets auront exactement la même apparence, et qu'ainsi on pourra prendre indifféremment l'un pour l'autre, à moins que par quelques observations particulières, extérieures à ces deux corps, le jugement se

fixe plutôt sur l'un que sur l'autre ; quelquefois
cette détermination varie instantanément par des
causes diverses. Par exemple, dernièrement étant
au bord de la mer, il se trouvait, parmi les cabanes
de baigneurs, une d'entre elles qui avait une forme
différente ressemblant à celle d'un clocher ; en la
voyant par-dessus les autres, il m'est arrivé plus
d'une fois de prendre cette cabane pour un clocher
éloigné, d'une grande dimension, puis instantanément, l'illusion cessait. Le contraire arrive lorsqu'on voit le sommet d'un clocher par-dessus une
colline interposée, on croit voir un objet très-dif-
férent placé sur cette colline. Remarquons que
dans ces deux exemples, l'illusion est en sens
opposé ; la première avait pour résultat d'augmenter
beaucoup les dimensions de l'objet, et l'autre de les
diminuer.

Si l'observateur est fixe, pour qu'il y ait illusion,
il n'est pas nécessaire que les deux objets satis-
fassent à toutes les règles de la perspective-relief,
il suffit qu'ils puissent se supposer être sur le même
cône perspectif. Or, l'imagination agissant, dans
l'incertitude que laisse la forme de ce cône, elle
substitue à l'objet réel, des objets divers qui ne sont
souvent pas les mêmes pour différents observateurs ;

c'est ainsi que le peintre croit voir, dans les flammes d'un foyer, dans les formes bizarres des nuages, l'aspect de personnages ou de scènes fantastiques. C'est ainsi qu'une personne, sous l'impression de la peur, fait, d'une grosse pierre, un fantôme terrible, et de deux points blancs, les yeux effrayants d'un monstre. Ainsi l'on voit que la cause immédiate des erreurs de la vie provient de l'incertitude que laisse le cône perspectif sur la forme des objets qu'il embrasse; incertitude qui, pour la faire cesser, force le jugement à intervenir, ce qu'il fait souvent d'une manière erronée.

Dans l'appréciation ci-dessus, le jugement peut être influencé par des causes diverses : par l'observation plus ou moins attentive que l'on porte à ce qu'on regarde, et par la réflexion qui vous fera opter entre ce qui peut exister et ce qui ne le peut pas, par l'habitude de voir ces objets; enfin l'imagination, variable avec l'individu et suivant les passions qui l'animent, peut elle même modifier ce jugement; mais en dehors de ces causes qui tiennent à l'observateur même, il en est d'autres plus appréciables et qui n'en sont pas moins la source d'erreurs nombreuses; ce sont celles qui tiennent aux effets d'ombre et de lumière. Lorsque la nature est éclairée par la lumière directe du soleil, son aspect est fort différent de celui qu'elle présente lorsque cet astre est caché par des nuages. Dans le premier cas, la surface de chaque objet se trouve avoir des parties éclairées et d'autres dans l'ombre; les corps portent l'un sur l'autre des ombres très prononcées; chaque surface se trouve avoir son point brillant; toute surface éclairée devient un corps éclairant pour ce qui l'environne; les surfaces vivement éclairées et blanches paraissent plus grandes qu'elles ne le sont réellement; on sait encore par les beaux résultats dus à M. Chevreul, sur les lois du contraste, combien chaque surface est influencée dans l'intensité de sa teinte et dans sa couleur, par celles des surfaces environnantes; la couleur propre des corps peut les faire paraître plus ou moins éloignés. Enfin l'interposition de l'air plus ou moins chargé de vapeurs vient encore modifier ces effets; si, au contraire, le soleil est caché par des nuages, la nature est alors éclairée par le ciel, avec une plus ou moins grande intensité; une grande partie des effets d'ombre et de lumière sont détruits, ou au moins fortement diminuées; ils varient suivant la couleur du ciel et des nuages. Remarquons en

outre que ces effets peuvent passer, presque instantanément, d'un état à l'autre, soit complètement,
soit par partie. Il en résulte, comme on voit, que
les effets d'ombre et de lumière sont si nombreux,
si variés, si instantanés, que le jugement doit bien
souvent être induit, par eux, en erreur; d'où résultent de nombreuses illusions de la vue.

Si, à une étude spéciale des effets produits par
les causes que nous venons d'indiquer, on ajoute
celle des illusions produites par les corps en mouvement et quelques autres effets que nous décrirons
plus loin, on aura une idée de ce qui pourrait composer une science des apparences.

En dehors de ces illusions extrêmes qui, suivant
l'observateur, changent entièrement, pour lui, la
forme des corps, il en est d'autres moins apparentes, qui sont les mêmes pour tous les observateurs
et qui ont pour résultat de modifier seulement l'aspect que présente un monument de manière à produire sur l'observateur ce sentiment qu'on énonce
ordinairement en disant que tel monument est
beau, élégant, grandiose, bien situé, etc., ou qu'il
est lourd, écrasé, etc. Ce sont les causes de ces effets
que nous nous proposons d'étudier, parce qu'elles
peuvent conduire à des applications utiles dans les

constructions architecturales et servir à éviter des erreurs toujours dispendieuses à réparer.

Modification de la forme extérieure d'un édifice.

On sait que deux corps qui sont perspectifs-reliefs réciproques l'un de l'autre, ont même apparence, pour un certain point de vue ; on se demande maintenant si d'après cela, on ne peut pas substituer à un monument à construire dans des dimensions données, un autre qui se trouve avoir la même apparence et qui occupe une profondeur moindre. Il est évident, pour tous ceux qui ont étudié la perspective-relief, qu'on pourrait le faire facilement dans des proportions diverses ; mais remarquons que toute construction doit d'abord satisfaire à des principes de convenance qui dépendent du but que l'on se propose d'atteindre, puis ensuite que la construction doit, suivant la nature des matériaux, être dirigée d'après certaines lois de stabilité qu'on ne peut enfreindre sans dangers ; de sorte qu'il ne faut pas sacrifier à l'apparence de l'édifice, la convenance, l'utilité ou la solidité. Il faut encore observer que l'apparence que présentent deux corps, n'est la même que pour un certain point,

ou tout au plus pour une certaine étendue ; il résulte
de là que la perspective-relief ne peut avoir que des
applications très restreintes pour la substitution
d'un édifice à un autre dont il conserverait l'apparence, sans quoi on tomberait dans le genre déco-
ratif qui, comme nous l'avons fait voir, a ses
applications particulières, mais qui n'est point
applicable aux constructions monumentales ;
cependant, pour compléter nos applications de la
perspective-relief, nous allons exposer sommaire-
ment les constructions à effectuer pour arriver à ce
résultat.

Il est bien entendu qu'il s'agit ici de la transformation de l'ensemble d'un édifice, par la perspective-relief. Quant à l'apparence que peut offrir un
monument par suite de ses proportions, de ses
décorations et de sa situation, c'est plus loin que
nous étudierons ce sujet.

Les plans d'un monument étant donnés, on se
propose de les transformer en d'autres, appartenant à un édifice différent, mais devant avoir la
même apparence que le premier, pour une certaine
position de l'observateur, avec une profondeur
moindre. Il est évident qu'il faut d'abord prendre
pour plan commun, celui de la façade principale

de l'édifice ; puis un deuxième plan F, parallèle au premier et représentant celui F qui termine l'édifice donné ; on peut entre ces deux plans mettre très peu de différence ; alors choisissant en avant de l'édifice un point de vue, on construira la perspective-relief cherchée, d'après les règles données. Les deux édifices auraient des façades très-peu différentes, de sorte qu'il n'y a rien d'extraordinaire à ce qu'ils offrissent même apparence. Ce deuxième aura seulement un peu moins de profondeur que le premier. On ne voit donc pas ce que l'on gagnerait à employer la perspective-relief, et il en résulterait que toutes les lignes horizontales qui ne sont pas parallèles à la façade deviendraient des droites inclinées et concourantes, ce qui présenterait de graves inconvénients pour la solidité de la construction. Nous ne nous étendrons donc pas davantage sur ce sujet.

Modification de la forme intérieure d'un édifice.

On peut employer la perspective-relief avec un peu plus d'avantage lorsqu'il s'agit de modifier l'intérieur d'un grand édifice, comme par exemple une église, pour le faire paraître plus profond qu'il

n'est réellement. Des essais fort anciens semblent
avoir été faits dans ce but ; ainsi on trouve dans les
anciens temples de Pœstum et dans ceux d'Athènes,
quelques irrégularités dans l'espacement des colonnes qui peuvent faire supposer que cela devait
servir à augmenter la profondeur apparente de ces
édifices. On voit encore à Rome et même dans diverses églises de France, de ces irrégularités qui
semblent faites à dessein et dans la même intention
On sait que de tout temps la perspective plane a été
employée pour allonger en apparence, la longueur
de certaines galeries, et produire en architecture des
illusions diverses ; mais il paraît que dans le moyen-
âge, des architectes ont employé la perspective-
relief elle-même, pour arriver à ce résultat ; ainsi
nous lisons dans l'ouvrage de Vassais, à propos du
célèbre architecte Baldassare de Perussy ;

« *Il décora la salle avec des colonnes en perspective qui la font paraître beaucoup plus grande qu'elle
n'est réellement.* » On sait en outre que cet architecte était fort habile dans l'exécution des décorations théâtrales.

Nous ne savons pas si ces architectes employaient
les principes mêmes de la perspective-relief, car ils
ne nous ont rien laissé d'écrit sur ce sujet et sur la

construction des bas-reliefs ; ils paraissent du moins en avoir eu quelques notions.

Nous allons, sur un exemple particulier, exposer les moyens d'arriver dans ce genre à des résultats intéressants.

Soient (fig. 25 et 27) le plan et l'élévation de l'église de Notre-Dame de Paris. On demande de modifier ces plans de manière que l'édifice qui en résultera offre, pour l'observateur entrant par le grand portail en V, la même apparence quoi qu'ayant moins de profondeur.

L'édifice donné est renfermé dans un parallélipipède dont la base est le rectangle *abcd* (fig. 25 et 26) et dont la hauteur est donnée par la (fig. 27). On demande de lui substituer une autre construction, de même apparence pour l'observateur placé en V et renfermée dans un autre parallélipipède dont *a'b'c'd'* serait la base et qui aurait même façade *a'b'* = *ab*, mais une profondeur *a'd'* moindre que celle *ad*.

Pour résoudre ce problème, il est évident qu'il faut supposer un cône perspectif dont V serait le sommet (fig. 25 et 26) et construire une figure relief de celle donnée, qui soit comprise dans ce même cône et qui soit par conséquent telle, qu'à

un point du sujet corresponde toujours un point de
l'autre situé sur le même rayon perspectif, à une
droite corresponde une autre droite, à un plan un
autre plan; par conséquent il faut construire une
figure qui soit exactement la perspective-relief de
la première.

Or nous connaissons déjà la position du point de
vue. Sa projection horizontale est en V, son élévation au-dessus du plan horizontal est je suppose
de 2^m, comme l'indiquent les fig. (27 et 28). Le plan
de la façade commune aux deux édifices a pour
trace *ab* ou *a'b'*, ce sera donc le plan désigné par T.
Le plan vertical passant par *cd* qui termine l'édifice donné est le plan F qui est représenté dans la
deuxième figure par le plan vertical passant par *c'd'*
qui sera donc le plan F.

Dans ces données, il y a lieu de remarquer que,
contrairement à ce que nous avons fait jusqu'ici, le
plan T se trouve derrière le point V relativement
aux objets : nous verrons que cela n'entraîne pas
de difficultés. Nous aurions pu le prendre aussi bien
en avant à une distance convenable, il en serait
résulté que les deux figures auraient eu ce plan
en commun; mais alors les deux façades auraient
été différentes, celle de la figure perspective-relief

eut été un peu plus grande que l'autre : c'est pour éviter ce résultat contraire à ce que nous nous étions proposé de faire, que nous prenons le plan de la façade, pour le plan T.

Les données étant bien conçues, il est évident que toutes les méthodes de perspective-relief indiquées dans cet ouvrage, sont applicables ici; mais il est préférable de déterminer la projection horizontale et celle verticale de cette perspective-relief; ce seront le plan et l'élévation de l'édifice à construire suivant le mode de procéder en architecture.

Le plan vertical, (fig. 26), dont *cd* est la trace, est le plan F; il doit être représenté par celui F, dont *c'd'* est la trace, d'ou il résulte que les verticales qui se projettent en *c* et *d* doivent être représentées par d'autres verticales contenues dans les plans perspectifs, passant par chacune de ces verticales et par V; mais aussi elles doivent être contenues dans le plan FF. dont la trace est *c'd'*, elles auront donc pour projections horizontales les points *c'* et *d'* et par suite la projection horizontale de la perspective-relief sera comprise dans le trapèze *a'b'c'd'* (fig. 26). Les deux plans verticaux parallèles *ad*, *bc* deviendront dans la perspective-relief ceux *a'd'*, *b'c'* concourant sur la verticale d'un point O, lequel dans la projection horizontale cherchée sera le point de concours des projections de toutes les horizontales ayant une direction perpendiculaire à la façade. D'après cela, supposons qu'on prolonge (fig. 25) toutes ces droites du sujet, ou simplement leurs projections, jusqu'au plan de cette façade, puis qu'on rapporte tous les points d'intersection (fig. 26) et qu'on les joigne avec le point O, on aura les projections horizontales en perspective-relief de toutes ces droites.

Il s'agit ensuite de déterminer sur chacune de ces droites les points de divisions correspondant aux colonnes et autres objets : Pour cela, par le point O trouvé, menons une parallèle à *a'b'*, ce sera, comme nous l'avons vu, la ligne d'horizon de la perspective plane représentant la projection horizontale de la perspective-relief. Sur cette droite portant à droite et à gauche la distance VO, on aurait ainsi les points de distance qui serviront à déterminer sur chacune des droites dirigées vers O, ou seulement sur une seule d'entre elles, les points de divisions donnés par la (fig. 25). En déterminant les points de division d'une de ces droites, il suffira de mener des horizontales pour avoir ces points sur toutes les autres, puisqu'ici, les profondeurs de ces points sur toutes ces droites, sont les mêmes.

D'après la position des deux figures (25 et 26), on peut obtenir très-simplement ces résultats, sans l'emploi des points de distance.

Joignons un point tel que celui *a* de la (fig. 25) avec le point O par la droite *a* O, elle représentera dans la figure 26 la perspective d'une droite *ad* perpendiculaire à *ab a'b'*; joignons maintenant tous les points de division de la droite *ad* avec le point V; ce seront les rayons perspectifs de ces points, qui par leurs intersections avec la droite *a*O, donneront les positions perspectives de chacun de ces points dont la figure 26. Ainsi le point *d* sur le rayon V*d* aura pour perspective le point *g* sur *a*O. Connaissant le point *g* comme étant la perspective de celui *d*, il en résultera évidemment que l'horizontale *gd'c'* sera la perspective de celle *dc*. Elle déterminera sur *a'*O et *b'*O les points *d'* et *c'* qui seront les perspectives respectives de *d* et *c* de la figure 26. Ainsi de même, pour tous les autres points; de sorte qu'avec la figure 25, on a immédiatement celle 26.

Nous avons été obligés de représenter dans nos petites figures, les colonnes ou piliers par des points, les murs par de simples droites; mais cela est suffi-

sant pour comprendre comment on s'y prendrait
si l'échelle du dessin avait permis de figurer tous
les détails, et on aurait alors le plan exact de la
figure cherchée qui pourrait servir à construire
l'édifice.

La projection verticale de l'édifice à construire
s'obtiendra (fig. 28) par les mêmes procédés que
celle horizontale, en se rappelant ce principe que
la projection du sujet et de sa perspective-relief sur
un plan perpendiculaire au plan T, sont deux
figures perspectives planes réciproques l'une de
l'autre, ayant pour point de vue la projection du
point V sur ce même plan.

On voit (fig. 28) que VP représentant la hauteur
d'un homme, l'horizontale VO perpendiculaire au
plan T, va passer par le point O sur le point de
fuite; on peut le déterminer comme on l'a fait pour
la projection horizontale. Ce point O de la figure 28
sera le point de concours de toutes les horizontales
parallèles à VO. Le reste de la construction s'achè-
verait comme on le voit dans cette figure, par les
mêmes procédés. Les constructions sont identique-
ment les mêmes que celles déjà employées pour les
bas-reliefs, il est donc inutile de nous étendre davantage là-dessus.

On pourrait, comme l'indiquent les (fig.) 26 et 28, obtenir la perspective-relief de tout le bâtiment, en y comprenant l'extérieur; cela n'aurait aucun but d'utilité, puisque la forme extérieure ne peut-être aperçue du point de vue placé à l'intérieur. Cette construction n'est donc pas à recommander.

L'exemple que nous venons d'exposer sur l'intérieur d'un édifice, suffit pour faire comprendre comment il faudrait s'y prendre pour des cas analogues.

Dans l'exemple que nous avons choisi, l'édifice construit au moyen des plans figures (26 et 28) aurait un tiers de moins de profondeur que le sujet donné et cependant il devrait avoir la même apparence. Il est probable que la réduction adoptée est beaucoup trop grande pour ce genre d'illusion, il en résulterait évidemment dans la construction des inconvénients graves; ainsi on voit que les voûtes deviendraient des surfaces rampantes d'une construction difficile; ensuite l'illusion n'aurait lieu que pour le point V ou pour des points environnants; l'altération serait trop sensible si on se plaçait dans le chœur; le résultat serait même opposé. On voit donc qu'on ne peut se permettre encore l'emploi de la perspective-relief que dans des li-

mites très-restreintes et particulièrement pour des
églises où le public n'entre pas dans le chœur.

Objets réels et objets fictifs.

Nous venons de voir qu'il était toujours facile de
remplacer un édifice ou mieux un objet quelconque, par un autre qui, soit extérieurement, soit intérieurement ait même apparence, puisqu'il suffit
que ces deux objets soient perspectives-relief
réciproques l'un de l'autre. Admettons qu'entre
deux objets perspectives-relief réciproques, l'un
soit réel et l'autre fictif, nous dirons alors que
l'illusion consiste à prendre l'objet fictif pour l'objet réel ou l'objet réel pour l'objet fictif. Examinons
maintenant s'il n'existe pas naturellement de ces
illusions.

Nous avons déjà fait observer que dans la nature
bien des objets réels sont pris pour des objets fictifs,
nous pouvons en citer des exemples bien connus:
ainsi on sait qu'un objet gravé en creux est pris pour
un objet en relief et réciproquement, suivant la manière dont le jugement interprète les effets d'ombre
et de lumière. Lorsqu'on est au bord de la mer, par
un temps calme, l'œil peut suivre sa surface jusqu'à

l'horizon ; mais si, par suite de la présence d'un nuage, une grande ombre vient à se projeter sur sa surface, à l'instant, l'horizon semble se terminer à cette ombre qui paraît se relever verticalement et qui prend l'apparence d'un nuage, on est très-étonné alors d'apercevoir quelquefois au-dessus de ce nuage des navires qui semblent alors être dans le ciel; on pourrait citer une infinité de ces illusions où un objet réel est pris pour un objet fictif, mais remarquons bien que cela n'arrive qu'exception-nellement et que la plupart du temps, les objets réels sont jugés être tels qu'ils sont réellement.

Nous avons dit plusieurs fois, par exemple, que des droites parallèles semblaient, dans la nature, des droites concourantes, en un certain point situé sur la droite même de l'œil parallèlement à celles considérées; par cela nous avons voulu dire qu'un système de droites construites pour un certain point de vue, d'après certains principes, aurait la même apparence que celles considérées; mais non pas que les droites parallèles considérées nous sem-blaient toujours des droites courantes. Ainsi dans un édifice il y a deux systèmes de droites horizon-tales, parallèles. Or, de quelque point qu'on re-garde cet édifice, jamais il ne nous paraîtra composé de droites inclinées concourantes ; la réflexion, l'habitude de voir les bâtiments et même enfin le sentiment que nous avons de l'éloignement successif de chaque point d'une même droite, ne permet à personne de la juger inclinée ; mais bien au contraire, si par impossible, il se trouvait dans la nature, un édifice construit avec des droites inclinées et concourantes, d'après les principes de la perspective-relief, il y aurait pour celui-là, illusion, cet objet réel nous paraîtrait appartenir à un bâtiment construit comme tous les autres, par conséquent formé de droites horizontales. Ne savons nous pas d'ailleurs qu'un tableau, un bas-relief, une décoration, etc. , qui sont composés de droites évidemment concourantes, semblent cependant être construits comme ceux que nous avons l'habitude de voir. On pourrait croire, d'après ce que nous venons de dire, que puisqu'il n'y a généralement pas d'édifices construits dans les principes de la perspective-relief, il ne peut y avoir d'erreur dans le jugement que nous portons sur la forme des objets divers que l'on regarde ; il n'en est pas ainsi, il y a, dans la nature, une infinité de droites et de plans qui peuvent appartenir aussi bien à un sujet qu'à sa perspective-relief.

Considérons d'abord le cône perspectif dont le sommet est dans l'œil et dont la base serait la surface d'un édifice ; il est évident que ce cône ne nous donnera pas la distance réelle de l'œil au bâtiment ; de sorte que si nous l'estimons plus grande qu'elle n'est, l'édifice semblera beaucoup plus grand qu'il n'est réellement ; si elle est estimée plus petite, il semblera plus petit.

Nous avons ensuite un sentiment instinctif de l'horizontale et de la verticale, à ce point que si nous voyons des droites ou des plans légèrement inclinés, ils seront instinctivement pris pour horizontaux ; il faudrait que l'inclinaison fut très-forte, ou que des causes extérieures nous la fissent apercevoir, pour détruire cette illusion de la vue. De même des droites différant peu de la verticale, seront jugées verticales ; ainsi on sait que les façades d'un édifice sont formées de plans non exactement verticaux, ayant un léger retrait vers l'intérieur ; ils paraissent verticaux, à tel point que si un bâtiment était limité par des plans verticaux, il paraîtrait surplombé. Il en est de même des arêtes des bâtiments. Les colonnes qui semblent limitées par des droites verticales, le sont par des droites légèrement concourantes, ou plutôt par des courbes très-peu différentes de droites.

Un effet curieux résulte encore de l'habitude que nous avons de voir les verticales perpendiculaires aux horizontales ; si les verticales reposent sur un plan légèrement incliné pouvant être pris pour un plan horizontal, alors on croit voir que les verticales sont inclinées. Ainsi, par exemple, dans les jardins de Versailles, il y a des statues placées sur les rampes ; au premier coup-d'œil, elles semblent n'être pas d'aplomb.

D'après ce sentiment instinctif de l'horizontale et de la verticale, nous pouvons nous rendre compte des diverses illusions qui se présentent tous les jours à nos yeux.

De l'influence produite par l'inclinaison du sol.

Supposons un observateur placé sur un sol plan légèrement incliné, soit en s'élevant, soit en s'abaissant dans tous les cas, ce plan sera jugé horizontal, mais alors voici l'illusion qui en résultera.

Admettons d'abord que le plan s'élève à partir

de l'observateur comme (fig 29) serait le plan
P *b*. Si l'observateur est en V, ce plan sera jugé être
la perspective-relief du plan horizontal P *S*, avec
cette circonstance qu'un point *b* de ce plan, semblera appartenir à un point *b'* situé sur le rayon
perspectif V *b* et sur le plan horizontal P *S*, par
conséquent à leur intersection commune *b'*, d'où
il s'en suivra que la distance P *b* aura la même apparence que celle P *b'*, qui est beaucoup plus
grande, et il en résultera que le plan P *b* paraîtra
appartenir à un plan horizontal plus profond ;
supposons maintenant qu'en *b* soit placé un édifice
dont *bu* serait la hauteur, il sera jugé être en *b'* et
avoir pour hauteur *à b'* plus grand que *a b*. On
jugera donc l'édifice plus éloigné qu'il ne l'est
réellement, et par suite de ce que nous avons dit
sur la base du cône perspectif, il paraîtra plus
grand, et produira plus d'effet que s'il eût été construit sur un plan horizontal.

Un effet inverse se produira si le plan au lieu
d'être ascendant, comme Pb, était descendant,
comme P c ; l'édifice placé en *c* semblerait être en
a" et avoir pour hauteur *a" c"*, par conséquent il paraîtra plus petit qu'il n'est réellement.

Les résultats auxquels nous venons d'arriver, quoique bien simples, vont nous donner l'explication de beaucoup de ces illusions qui se rencontrent à tout instant et qui font que certains monuments font plus ou moins d'effet, suivant la disposition du sol sur lesquels ils sont élevés.

Je ne puis mieux citer pour exemple que les résultats de deux dispositions opposées, prises pour le sol de la cour du Louvre. Dans le premier essai entrepris il y a déjà quelques années, on avait cru devoir établir le centre de la place plus élevé que les côtés, de sorte que les magnifiques façades qui décorent cette cour se trouvaient sur un sol plus bas que ce centre; quoique ces pentes fussent légères, il n'en restait pas moins un effet très-désagréable sur l'aspect de ces façades. Aussi, d'après l'avis général, on fut obligé de changer cette disposition. Elle présente maintenant une très-légère pente vers le centre, le résultat est plus favorable; il le serait, je pense, encore plus, si la pente eût été un peu plus grande, jointe à quelques autres dispositions très-simples.

Beaucoup de nos édifices publics donnent lieu à des observations analogues. Par suite de l'élévation des tabliers de nos ponts, on a été obligé d'élever les rues qui y aboutissent, puis après le sol des places ; de sorte qu'une grande partie de nos anciens monuments sont enterrés. Une réaction évidente s'opère contre une telle disposition ; déjà on a découvert l'ancien sol formant le pied des édifices ; il n'en résulte pas moins généralement une pente dirigée vers le pied de l'édifice et qui produit sur l'aspect de ce monument des effets désagréables. On peut citer par exemple, à Paris, l'église de Notre-Dame qui, malgré un déblai considérable, est encore enfouie.

La façade de l'Hôtel-de-Ville a beaucoup gagné depuis qu'on a fait devant elle une large place ; malheureusement le pied de l'édifice est plus bas que le sol de la place. Je me rappelle il y a quelques années, avoir vu commencer le pavage de cette place au niveau du tablier du pont d'Arcole, de manière à enterrer le monument de plus d'un mètre.

La fontaine de la place Saint-Sulpice étant érigée sur un sol plus élevé que le pied de la façade de l'église, nuit à son aspect. La place Vendôme, celle de la Concorde et même celle du Carrousel,

n'ont pas leur sol disposé de la manière la plus favorable aux bâtiments qui les entourent.

La cour du château des Tuileries a été modifiée
favorablement. On a établi le sol de cette cour suivant un plan légèrement incliné du château vers la
grille ; par cela seul, l'aspect du château, lorsqu'on
se place le long de cette grille, a beaucoup gagné.
Cet effet ne se continue pas lorsqu'on se rapproche
du Louvre, parce que la place du Carrousel est plus
élevée que celle des Tuileries. L'aspect du monument de l'arc de triomphe de l'Etoile est très-
agréable de tous les points de vue d'où on l'examine, parce qu'il est sur la partie la plus élevée de
chaque avenue qui aboutit à cet édifice, etc.

L'illusion qui résulte de l'emplacement d'un
édifice sur un sol ascendant ou descendant, s'étend
à un objet quelconque placé sur un sommet dont
on est séparé par un vallon ; des personnages ainsi
placés sur un sommet paraissent plus grands que
nature ; cela tient évidemment à ce que la distance
(fig. 30) pour aller de P en b, en suivant le sol,
étant beaucoup plus grande que celle qui sépare
l'œil de l'objet, on les suppose instinctivement beaucoup plus loin de l'observateur qu'ils ne le sont

réellement, donc ils semblent appartenir à des personnages plus grands.

Il en est de même de ruines de châteaux placés sur des sommets et se projetant sur le ciel.

Lorsqu'au contraire l'observateur s'élève, alors les édifices sont vus de haut en bas d'une manière très-défavorable, la vue les projette en terre, il y a confusion ; les ondulations du sol disparaissent, les collines s'abaissent ; mais d'un autre côté, d'autres objets se découvrent, l'horizon s'agrandit ; dans les pays de montagnes, de magnifiques effets d'ombre et de lumière se produisent dans tous les pics nouveaux qu'on découvre ; quelques sommets restant encore plus hauts que l'observateur produisent beaucoup d'effet ; s'ils sont près, ils servent comme de repoussoir pour faire paraître les autres montagnes plus éloignées, plus hautes ; enfin l'aspect devient quelquefois ravissant, et ces lieux élevés deviennent le rendez-vous des touristes, qui payent par une ascension un peu rude, la beauté du spectacle vraiment grandiose qu'on y découvre. Ce ne sont plus des édifices qu'on va voir, mais des objets qui, comme des montagnes, offrent des masses considérables, présentant des profils variés.

. Telle est donc la première illusion à laquelle il
est nécessaire d'avoir égard lorsqu'on choisit l'emplacement d'un édifice.

Influence des avenues.

Dans un bâtiment, les droites horizontales qui
composent une façade, étant généralement d'une
faible longueur, sont toujours vues et prises pour
des droites horizontales, comme elles le sont réellement ; il n'en est pas de même lorsque ces droites
parallèles ont une très-grande longueur, comme
celles qui composent une avenue; les lignes de
droite et de gauche, celles supérieures à l'œil et
celles inférieures, semblent tellement concourir,
comme elles le feraient sur un tableau ou un bas-
relief, qu'on les regarde instinctivement comme des
droites formant une perspective-relief et représentant ainsi des droites plus longues qu'elles ne
sont réellement. Nous jugeons de la longueur de
l'avenue par le rapprochement apparent de ses extrémités, d'où il résulte qu'une avenue étroite

paraîtra plus longue qu'une avenue large. L'effet d'une avenue est donc de faire paraître le sol qui forme ses extrémités plus éloigné qu'il n'est réellement; de sorte que si, à cette extrémité, se trouve placé un édifice, il semblera appartenir à une construction plus éloignée qu'elle n'est réellement, et par suite de l'observation examinée ci-dessus, il paraîtra plus grand; plus l'avenue sera étroite, sans cependant le cacher, plus cet effet sera sensible. Si cette avenue était située sur un sol s'élevant insensiblement vers l'édifice, alors les deux effets se réuniront pour augmenter l'apparence du monument. On peut concevoir encore un moyen d'accroître ce résultat en formant l'avenue de droites légèrement concourantes en un point situé au-delà de l'édifice.

L'avenue qui conduit de la place de la Concorde à l'arc de triomphe de l'Etoile est certainement pour beaucoup dans l'aspect grandiose que présente cet édifice; si on en supprimait une rangée d'arbres de chaque côté, de manière à augmenter sa largeur, la vue de l'arc de triomphe y perdrait. Une disposition particulière des arbres augmente encore l'effet dont nous parlons. Étant sur la place de la Concorde, la hauteur des arbres qui forment cette avenue est connue. Cette hauteur doit être évidemment la même pour ceux situés à l'autre extrémité, mais ces arbres, au lieu de se prolonger jusqu'au monument, s'arrêtent en avant de la barrière, dans un endroit sensiblement plus bas que le sol de l'édifice ; cependant de la place de la Concorde, ces derniers semblent très-rapprochés de ce monument, et ne pas avoir la hauteur à peine de son soubassement. Ils servent donc de termes de comparaison et font paraître l'édifice plus élevé.

Un effet inverse se remarque au champs de Mars, lorsque des environs du pont d'Iéna on regarde le bâtiment de l'Ecole militaire, devant lequel se trouve une place d'une largeur immense. L'édifice semble bas, écrasé ; il est évident que si ce bâtiment était limité par une avenue d'arbres placés sur un plan ascendant, l'édifice y gagnerait. Il faut reconnaître cependant que n'ayant pas de soubassement, cet édifice n'est pas en proportion avec la place.

Influence des verticales.

Des effets apparents et analogues se produisent sur les verticales. Un bâtiment construit, comme ils le sont généralement, en forme de pyramide tronquée, paraît moins écrasé, moins lourd que s'il était limité par des plans verticaux. Une colonne semble plus élégante, c'est-à-dire plus élevée qu'un cylindre de même base et de même hauteur ; un fait encore remarquable, c'est qu'un support formé par la réunion de petites colonnettes, paraît plus élevé qu'une colonne unique de même base et de même hauteur. Dans les édifices gothiques, l'emploi constant de formes verticales très-allongées, avec des largeurs très-faibles, donne à ces monuments des hauteurs apparentes extraordinaire. La même cause fait trouver une salle plus haute, si ses murs sont couverts de peintures ou de papiers figurant de longues bandes verticales étroites ; l'effet augmente si la peinture ou le papier règne du plafond à la frise, dans toute la hauteur, sans interruption ; il diminue si, au contraire, cette peinture ou ce papier s'arrête à un lambris élevé.

Influence des objets interposés.

Lorsque des objets isolés, comme par exemple des statues, se trouvent placés devant la façade d'un édifice, il arrive par un effet naturel de perspective, que la distance qui les sépare de la façade semble ne pas exister, ils paraissent situés sur ou très-près de cette façade ; mais il en résulte que ces statues qui sont en avant de l'édifice, comparées avec les portes, fenêtres, ou même avec d'autres statues placées dans des niches sur cette façade, semblent beaucoup plus grandes que ces dernières et ainsi apparaissent plus grandes qu'elles ne le sont réellement ; elles en cachent des parties plus ou moins grandes, variables suivant la position de l'observateur ; mais comme ces objets sont plus près de l'œil, on en juge mieux les dimensions ; il arrive alors, par une illusion inverse, que la façade semble plus petite, elle perd de son effet.

Ce résultat frappant et bien facile à comprendre, est cependant la cause de bien des déceptions dans l'effet que produit à la vue l'aspect d'un monument. Il suffit d'en citer quelques exemples. Tout le monde se rappelle l'essai que l'on a fait sur la cour du Louvre en voulant la décorer par un très-grand nombre de statues isolées, accompagnées de diverses constructions, des bancs circulaires, des arbustes, etc. La cour semblait plus petite qu'auparavant. Cet effet, joint à celui qu'occasionnait le sol bombé, nuisait à l'aspect des admirables façades de cette cour. Cette ornementation a été enlevée; on y a substitué la statue colossale de François Iᵉʳ à cheval; l'effet était encore plus désastreux. En entrant dans la cour, cette immense statue cachait en grande partie le pavillon opposé et produisait des comparaisons qui, comme je le répète, avaient pour résultat de diminuer la grandeur apparente des façades.

Les arbustes, qui ornent quelquefois les jardins placés devant un édifice, finissent par produire des résultats analogues et souvent bien plus mauvais. Si l'on laisse toute liberté aux jardiniers, bientôt les arbustes deviennent des arbres, les plantes grimpantes tapissent les murs, le sol s'élève insensiblement par l'apport de terre et de fumier et les proportions de l'édifice sont altérées; quelquefois des parties notables disparaissent complètement. On se rappelle la façade du Louvre vers la Seine, lorsque existait le jardin de l'Infante, avec des massifs de

ilas et d'autres arbres ; la façade de l'Hôtel-de-
Ville, du côté de la rivière, était complètement
cachée, il y a quelque temps, par un rideau d'abres
verts que le jardinier avait cru devoir élever pour
garantir ses couches des vents froids.

Par la même raison que la cour du Louvre en-
combrée de statues, paraissait plus petite, on voit
qu'une salle meublée, ou garnie de personnages
semble moins grande que lorsqu'elle est vide.
Il suffit de ranger les meubles d'un salon pour le
faire paraître plus grand. La couleur ou les papiers
qui décorent une salle ont aussi une influence
analogue; ainsi des couleurs sombres sur les murs
diminuent la grandeur apparente d'un salon, il en
est de même d'un papier à grands ramages, ou dont
le dessin tranche par sa teinte et sa couleur sur le
fond, etc.

Par des raisons analogues, des statues, d'homme
à cheval ou de personnage assis, placées pour être
vues de bas en haut, font toujours mauvais effet ; la
tête du cheval cache la tête de l'homme; dans le
personnage assis, les genoux sont projetés sur
l'estomac. Ce n'est supportable que lorsque la
statue est peu élevée au-dessus de l'observateur.
Ainsi la statue de Molière, au-dessus de la fontaine

qui porte son nom, les statues assises qui accompagnent la fontaine de la place Saint-Sulpice et tant
d'autres, font mauvais effet. On peut citer encore
les statues qui décorent le pont d'Iéna et qui représentent des guerriers à pied près de leur cheval.
La statue de Voltaire, sous le péristile du Théâtre-
Français, fait exception à cette règle et par le mérite
de l'œuvre de Houdon et surtout en ce que l'œil de
l'observateur est placé plus haut que les genoux.

Des effets différents, mais également mauvais, se
produisent lorsque la façade d'un édifice se compose
de corps de bâtiments en saillie ou en retraite, les
uns relativement aux autres. On aperçoit alors
deux systèmes de droites architecturales qui ont
dans le sujet des directions rectangulaires, mais qui
en perspective, c'est-à-dire comme elles s'offrent à
la vue, présentent des discordances considérables ;
les droites d'un système viennent couper celles de
l'autre, sous des angles obliques, partageant ainsi
les fenêtres, les portes, etc. En outre les ombres
portées par l'une des faces sur l'autre sont de même
fort désagréables. De plus les bâtiments en saillie
ont leur façade antérieure plus rapprochée de l'observateur; elles sont donc vues plus grandes que

celles qui sont plus éloignées, ce qui tend à diminuer l'apparence de ces dernières.

Plusieurs de nos édifices et notamment les bâtiments nouveaux de la cour du Carrousel, offrent une galerie supportant une rangée de statues. Quel que soit le mérite incontestable qui a présidé à la composition de la façade, la partie de l'édifice située au-dessus et qui est en retraite, n'offre pas une apparence agréable; les grandes fenêtres du premier étage sont plus ou moins cachées, suivant la distance à laquelle on se place, et font disparaître la proportion établie entre leur largeur et leur hauteur, proportion dont on a précisément une juste appréciation en examinant les pavillons de Rohan ou de Lesdiguière, où la galerie n'existe pas. De plus les statues par leurs projections perspectives sur ces fenêtres, tendent, comme nous l'avons dit, à amoindrir l'apparence de cette façade. Les galeries ont aussi l'inconvénient, dans nos climats, de rendre inhabitables les rez-de-chaussée, où pénètrent difficilement l'air et la lumière.

Plusieurs édifices présentent, par la disposition particulière du sol sur lequel ils sont placés, des effets désagréables qui tiennent à la même cause que nous examinons. Ce sol est d'abord horizontal à partir du pied de la façade, puis à une distance, il s'incline plus ou moins. Or, si on se place plus bas que l'intersection de ces deux plans, l'œil par la perspective projette cette arête d'intersection sur la façade, dont une partie disparaît complètement, de sorte que cet édifice semble placé dans un creux.

Un exemple des effets désagréables énoncés ci-dessus se présente dans la vue du château de Versailles, prise du côté de la cour; si on se place près de la grille, le corps de logis principal a son rez-de-chaussée en partie caché par le sol, dont la pente ne commence que vers la statue de Louis **XIV**. Les deux corps de bâtiments qui sont de chaque côté, s'avancent beaucoup dans la cour et présentent deux façades grandes, élevées, qui rapetissent en outre l'apparence du bâtiment du milieu. La statue de Louis **XIV** placée en avant de ce bâtiment ne fait qu'augmenter ce résultat. Les statues colossales qui décorent la cour ont aussi le même effet; tout tend donc à amoindrir cet édifice. Il n'en est pas de même du côté du jardin; le sol légèrement incliné, jusqu'au grand escalier, laisse apercevoir favorablement toute la façade; mais lorsqu'on descend vers les cascades, sur le tapis vert, des effets analogues se produisent ; le château est plus ou moins caché.

Les ponts dans la capitale produisent par leur élévation obligée, des effets désagréables sur les édifices qui sont en face. Ainsi l'on voit le résultat produit sur le Louvre et le palais de l'Institut par l'interposition du pont des Arts. Il est vrai qu'on juge de suite que ce pont a été construit postérieurement au palais de l'Institut, sans quoi on eût élevé cet édifice sur un haut soubassement, comme on l'a fait pour la façade du Corps-Législatif.

La diminution apparente qui résulte de l'interposition d'un objet, entre l'observateur et ce qu'on regarde, se fait aussi fortement sentir dans la nature lorsque la vue embrasse un vaste horizon. Si on trouve avoir près de soi une ruine, un bâtiment, un objet quelconque, sa projection au loin diminue la grandeur apparente des objets plus éloignés, et semble par suite les reculer ; les peintres connaissent très-bien ce résultat, aussi dans leurs paysages ont-ils soin de placer au premier plan des objets qui servent de repoussoir pour produire de la profondeur à leur tableau.

De l'influence des formes et proportions des diverses parties d'un édifice, sur l'apparence qu'il présente à la vue.

L'architecture a pris naissance avec la civilisation. Les premiers peuples construisirent des édifices appropriés à leurs divers besoins, sans s'inquiéter des apparences plus ou moins agréables qu'ils pouvaient offrir à la vue ; lorsque les gouvernements voulurent ensuite élever des monuments destinés à frapper l'imagination de ces peuples, ils les construisirent dans des dimensions considérables, employant à ce sujet des matériaux de très-fortes dimensions ; on a donné les noms de monuments cyclopéens à ce qui nous reste de ces anciens édifices. C'est à peu près à cette époque qu'il faut rapporter l'érection de ces grandes pyramides, de ces énormes monolithes, de ces obélisques, de ces grandes statues de sphinx ou d'homme, et dont une partie est arrivée jusqu'à nous et qui nous frappent par l'idée de la puissance mécanique qu'ils ont exigée, et du temps qu'il a fallu employer à les construire. Enfin des temples élevés en l'honneur des divinités apparurent et furent nécessairement construits sur ces mêmes bases, s'inquiétant peu de la forme et de l'apparence qu'ils pouvaient présenter. C'est alors qu'on vit apparaître les premières colonnes, qui étaient simplement des supports destinés à porter le poids considérable d'un toit lourd et écrasé. On peut donner le nom d'architecture primitive à ces constructions qui reposent sur l'idée de la force et de la grandeur plutôt que sur les formes et les proportions.

Les Grecs et les Romains empruntèrent les arts aux Egyptiens; mais ils modifièrent profondément l'idée sur laquelle reposaient leurs constructions monumentales. Ils ne tendirent point, comme eux, à faire des édifices d'une dimension énorme, mais souvent lourds et écrasés; ils visèrent à obtenir du beau, de l'élégant, à plaire enfin à l'œil, et pour y arriver, ils établirent, après bien des tâtonnements, des rapports exacts et agréables, entre la largeur et la hauteur, non-seulement de l'édifice, mais de toutes les parties qui le composent.

Une seconde modification importante qu'ils firent subir à l'architecture, ce fut dans la forme et l'emploi des colonnes. Chez les Egyptiens ce n'étaient que de vrais supports employés en nombre suffisant pour supporter la toiture; les Grecs en firent un emploi qui, ayant le même but, devint en même temps plus agréable à la vue. Ils s'aperçurent bien vite qu'un support légèrement conique présentait la même force de résistance qu'un cylindre de même base, mais que le premier, quoique de même hauteur que le second, paraissait plus élégant, c'est-à-dire qu'il semblait plus élevé. De conique, ils les firent ensuite cylindrique dans le premier tiers inférieur, puis diminuant insensiblement à partir de ce tiers jusqu'au sommet d'environ 1/6 de leur largeur. Au lieu de faire cette partie légèrement conique, ce qui aurait occasionné un jarret avec le premier tiers, ils trouvèrent une courbe formant le profil et qui se raccorde parfaitement avec la première, c'est ce qu'on appelle le galbe; puis après ils enjolivèrent cette colonne par des bases et des chapiteaux, et enfin arrivèrent à construire des supports aussi solides que les anciens et d'une forme bien plus élégante et plus agréable. Ils tâtonnèrent longtemps sur le rapport à établir entre la largeur de la colonne à sa base prise pour module et à sa hauteur; enfin ils s'arrêtèrent à plusieurs types ayant des caractères différents, formant ce qu'on appelle des ordres d'architecture et qui ont été acceptés généralement par

tous les peuples. Après avoir été abandonnés
pendant longtemps, on y est revenu sans leur faire
subir de profondes modifications.

L'emploi de ces colonnes a modifié sensiblement
l'apparence des édifices en leur donnant de l'élégance, c'est-à-dire en les faisant paraître plus élevés
qu'ils ne sont réellement. C'est le premier exemple
d'une tendance à augmenter la hauteur apparente
des édifices.

Le temple grec ou romain n'avait qu'une ou
plusieurs rangées de colonnes de la base de l'édifice
au sommet ; plus tard, pour d'autres constructions,
lorsqu'il fallut donner plus de hauteur, on employa
les ordres superposés, mais en suivant toujours
l'idée primitive ; c'est ainsi qu'on plaça les ordres
les uns sur les autres, suivant leur degré de lé-
gèreté, c'est-à-dire qu'on mit au bas les colonnes
les moins élevées par rapport à leur base, et au
plus haut les plus élevées ; en suivant les mêmes
idées, afin de donner de l'élégance à l'édifice.

Les ornements qui accompagnent les colonnes
suivirent nécessairement les mêmes proportions,
de la même manière, c'est-à-dire en diminuant
leur largeur, suivant la dégradation adoptée pour
les colonnes ; la base de la colonne fut adoptée

comme module et servit à déterminer les dimensions de toutes les parties de l'édifice dans le même ordre d'architecture.

Ainsi l'architecture des Grecs et des Romains brille par l'élégance des formes et des proportions et par un emploi judicieux des colonnes; on peut donc lui donner le nom d'architecture classique.

Il n'est pas dans mon sujet de suivre les changements et les perfectionnements apportés successivement dans les constructions architecturales, je n'examine que l'idée principale qui, à des époques différentes, présida aux constructions.

Après de longues années de barbarie, pendant lesquelles une partie des monuments construits par les Grecs et les Romains furent renversés, on perdit complètement les proportions admirables qu'ils avaient établies dans les diverses parties des édifices. Dans le onzième et le douzième siècle, on revint aux colonnes, mais elles avaient perdu leurs admirables proportions, même leur forme; leur base et leur chapiteau furent donc profondément modifiés. Ces colonnes furent d'abord basses, lourdes, rappelant un peu les supports primitifs; peu à peu elles s'élevèrent et bientôt dépassèrent en hauteur tout ce qu'avait produit l'architecture classique

on peut voir dans diverses églises romanes et particulièrement dans celles de Caen, des exemples de
ces hautes colonnes supportant des voûtes en plein
cintre. A cette époque surgit une nouvelle idée
architecturale, ce fut celle d'augmenter considérablement la hauteur réelle et surtout la hauteur
apparente des édifices consacrés au culte; on y
réussit de la manière suivante : On avait fait la remarque qu'un support composé de colonnes très
minces, reliées entre elles, avait plus d'élégance
que le même support formé par une colonne unique
de même base et de même hauteur. On développa
cette idée de bien des manières ; les colonnettes qui
forment un faisceau s'allongèrent démesurément
du sol à la voûte, elles perdirent peu à peu leur fût
et leur chapiteau, et enfin elles se prolongèrent en
nervure sur les voûtes d'arêtes. En même temps et
en suivant la même idée, les fenêtres prirent des
hauteurs considérables par rapport à leur largeur;
on les partagea encore par des menaux verticaux,
de manière à diminuer leur largeur; le même esprit
présida à tous les détails de la construction; extérieurement, on employa d'abord des tours élevées,
avec de ces longues fenêtres, puis des clochers très
pointus, puis une infinité d'ornements en pointe,

entourant l'église et placés sur les contreforts qu'ils tendaient à dissimuler. Une partie de la construction résistait à cette augmentation de la hauteur relativement à la largeur, ce sont les arcades à plein cintre, dont la hauteur ne peut s'accroître, sans que la largeur ne le fasse aussi dans une proportion double ; c'est alors et dans ce but, que l'ogive fut substituée au plein cintre. Cette ogive avait déjà paru par suite de l'emploi des voûtes d'arêtes, comme on peut le voir aux églises romanes de Caen; son emploi exclusif fit donner à cette architecture le nom d'architecture ogivale. Il est évident que l'idée de cette architecture ne tient pas à l'emploi de cette forme d'arcade, mais plutôt au désir de construire des édifices ayant une apparence intérieure ou extérieure très-élevée. Dans toute la construction, la largeur fut sacrifiée à la hauteur, à ce point que les statues placées sur les façades furent construites dans le même sens et hors de toute proportion avec la nature ; il résulta de cette nouvelle idée le style gothique d'après lequel sont construites la plupart de nos églises. Malgré la singularité des rapports établis entre la largeur et la hauteur de chaque partie de ces constructions, tout le monde s'accorde à trouver que, pour l'usage auquel ce

style est consacré, les résultats sont bien plus surprenants et bien mieux appropriés que ceux fournis
par l'architecture classique; il suffit à ce sujet de
comparer l'église de la Madeleine, à Paris, qui est
dans le style classique, avec une de nos églises
gothiques. On ne peut se persuader que la première
a sa voûte aussi élevée au-dessus du sol que ces
dernières.

Vers la même époque, nous devons signaler
encore une nouvelle idée architecturale; je veux
parler de ce qu'on appelle le style arabe. Cette
architecture est fondée sur cette idée facile à vérifier :
c'est qu'un mur nu, c'est-à-dire sans ornements,
semble bien plus lourd, plus écrasé que s'il est
orné de sculpture; de même qu'une arcade formée
par une courbe d'une forme simple, régulière,
semble moins légère et élégante que si cette courbe
est découpée en festons, imitant la dentelle. Les
Arabes employèrent donc à profusion ces ornements
qui ont reçu depuis les noms d'Arabesques, décou-
pant la pierre, en forme variées et à jour imitant
la dentelle. Ils employèrent aussi les colonnettes en
faisceaux. Ce qui distingue aussi ce genre d'architecture, c'est l'emploi du dôme qui, construit
d'abord pour l'église Sainte-Sophie, à Constanti-

nople, se multiplia à l'infini dans les constructions orientales et devint le symbole de la mosquée, comme le clocher est celui des églises catholiques.

Ce style arabe se fondit plus tard avec le style gothique dont il vint augmenter la richesse en couvrant les murs d'arabesques, en prolongeant et ornant par des culs-de-lampe très-riches d'ornements, la réunion des nervures qui ferment les clefs des voûtes. De là résulta le style qu'on appelle le gothique fleuri.

A la Renaissance, le genre gothique fut abandonné, on revint à l'architecture classique des Grecs et des Romains.

Ainsi on voit qu'en architecture on peut reconnaître trois ou quatre idées principales, et qui ont toutes un but différent.

1° Le style primitif fondé sur l'idée de produire de grands effets au moyen de grandes choses.

2° Le style classique qui a pour but d'obtenir de beaux effets par un emploi de proportions admirables dans chaque partie de l'édifice, joint à l'idée de donner plus d'élégance par une diminution graduelle, mais insensible, dans la largeur des colonnes et des ornements.

3° Le style dit gothique sacrifiant la largeur à la

hauteur pour arriver à produire des édifices ayant une apparence d'élévation très-considérable.

. Enfin on peut encore reconnaître l'idée du style arabe qui cache le nu des murs sous une abondance d'ornements dits arabesques, et en sculptant la pierre comme de la dentelle.

Si nous écrivions un traité d'architecture, il nous faudrait examiner maintenant les effets d'apparence produits par les diverses formes et proportions adoptées, pour l'ensemble d'un édifice et de ses ornements, suivant l'idée architecturale qui a présidé à sa construction ; il y aurait certainement des observations intéressantes à faire à ce point de vue, mais cela nous entraînerait beaucoup trop loin ; nous nous bornerons à établir quelques principes tirés de la nouvelle science de la perspective-relief, sur lesquels repose l'apparence des édifices.

Je crois devoir examiner cependant un cas particulier, qui peut recevoir des applications et s'étendre à d'autres cas analogues.

Dans le système classique, les proportions de l'ensemble et des accessoires dépendaient en partie de l'ordre d'architecture adopté, par conséquent de la colonne qui en est la base.

Considérons d'abord une colonne isolée, au

sommet de laquelle doit être placée une statue; les dimensions de la colonne sont données, elle diminue, je suppose, de 1/6 de la base au sommet. On demande les dimensions à donner à cette statue?

Si la statue était placée sur la base cylindrique de la colonne, il est évident qu'elle aurait des dimensions relatives à cette base qui lui servirait de piédestal, ou ce qui revient au même, la dimension de cette base servant de piédestal serait réglée par celles de la statue. Si la colonne était ensuite cylindrique de sa base à son sommet, on pourrait donc l'élever en ce point sans inconvénient grave; mais si la colonne diminue de 1/6 de sa base à son sommet, faudra-t-il la placer plus grande ou plus petite? Je pense qu'elle doit être environ 1/6 plus petite (fig. 2), par la raison que la diminution de la colonne à son sommet, ayant pour but de la faire paraître plus haute qu'elle n'est réellement, il faut que la statue satisfasse à cette même pensée architecturale, par une diminution réelle. Si on la faisait égale, le piédestal qui la supporte à ce sommet serait trop étroit pour ses dimensions. Si on la faisait plus grande comme dans la 3ᵉ figure, évidemment elle serait trop forte pour le piédestal et par suite elle écraserait la colonne qui semblerait trop faible pour la porter.

Quelques observations relatives à une statue placée sur une colonne peuvent trouver ici leur place.

On voit qu'il faut d'abord que les profils divers que présente une statue soient agréables; on doit donc éviter de faire des statues dans des positions telles que certaines parties se projetant sur d'autres laissent de l'incertitude sur ce qu'on voit. Il faut ensuite qu'une statue ne soit pas placée immédiatement sur la base supérieure de la colonne, il arriverait par un effet de perspective, que le saillant du piédestal en cacherait la partie inférieure; elle doit s'élever sur un tronc de cône, de manière à ce que les pieds de la statue soient visibles.

Si au lieu d'avoir une statue à poser sur une colonne classique, on eût eu à la placer dans le style gothique sur une colonnette, on sent que l'idée comporterait de lui donner une forme beaucoup plus svelte, et pour cela de diminuer beaucoup sa largeur, quelle que soit la déformation réelle qui en résulterait.

Ce que nous venons de trouver pour une statue sur une colonne isolée, doit s'appliquer également à tout ou partie d'un édifice où il y a des proportions dépendant de l'ordre architectural adopté; les ornements doivent suivre dans leurs dimensions la même idée que celle qui dirige l'établissement des colonnes. Le but de tout architecte est de donner, à l'édifice qu'il est chargé de construire, une apparence élégante; or, il n'y arrivera qu'en donnant aux divers ornements les dimensions relatives à la hauteur à laquelle ils sont placés. Il est évident que si vers le sommet, on place des ornements très en relief, de dimensions égales ou plus grandes que ceux qui sont à la base, on fera un contre-sens dont le résultat sera de faire paraître l'édifice lourd et écrasé sous la partie supérieure. C'est par ces raisons que dans les nouveaux pavillons de la place du Carrousel, les lourdes décorations qui ornent les fenêtres des mansardes font très-mauvais effet; il en est de même des lourdes toitures qui couvrent ces pavillons. Tout le monde connaît l'effet produit par une tête énorme en carton dont les saltimbanques se couvrent dans les foires; ils deviennent de suite nains, monstrueux et écrasés sous le volume de leur tête. Le même effet se produit par ces lourdes toitures.

Résumé de quelques principes.

L'étude de la science des apparences, appliquée à l'architecture, que nous venons d'exposer d'une manière fort abrégée, me semble pouvoir se résumer en quelques principes, ou règles, utiles à connaître lorsqu'on est chargé d'élever un monument, ou de décorer une place publique. Je crois pouvoir les résumer ainsi.

Lorsqu'un architecte est chargé d'élever un grand édifice, la première chose certainement est de satisfaire aux conditions du programme qui lui est imposé, pour que les dispositions intérieures remplissent bien le but pour lequel on le fait exécuter, ceci n'est pas de notre ressort. On pourrait cependant tirer quelques règles sur la décoration des grandes salles, des galeries, etc.

La distribution intérieure entraîne souvent la forme de l'extérieur ; cependant, elle laisse encore une latitude assez grande pour que l'architecte déploie toutes les ressources de son talent pour disposer le plus convenablement possible les façades, pour que l'aspect en soit agréable et offre franchement le caractère propre à sa destination, c'est-à-dire qu'il ne faut pas donner à une église, un théâtre, une bourse, un château, le même caractère architectural. Il faut donc choisir l'idée architecturale qui doit présider à sa construction. Si on adopte l'architecture classique, on doit faire ensuite un choix entre les divers ordres et suivant les étages ; si c'est le style gothique, il faut encore se décider entre les diverses gothiques.

Une fois le choix fait, on doit suivre l'idée architecturale dans toutes ses conséquences, depuis la base jusqu'au sommet, dans l'ensemble et les détails, afin que cette idée ne soit jamais perdue de vue.

L'emplacement où l'on doit élever un grand édifice doit être choisi, s'il est possible, de manière qu'il présente une légère pente à partir du pied du sol de l'édifice, jusqu'à la plus grande distance possible ; on peut le disposer ainsi : au pied du monument un large trottoir légèrement incliné vers l'extérieur, le ressaut du trottoir, puis une légère pente continue. Eviter surtout d'établir, comme on le voit au château de Versailles, du côté de la grille,

un plan horizontal, qui, à une certaine distance,
se change en un plan incliné. Nous avons vu les
mauvais effets produits par cette disposition.

Puisque l'architecte déploie tout son talent pour
embellir la façade, c'est pour qu'elle soit vue et
appréciée, il faut pour cela, qu'il existe en avant
une place qui permette à l'observateur de se mettre
à une distance convenable pour l'apercevoir favorablement dans son ensemble et ses détails. L'édifice
peut avoir une largeur trop grande pour pouvoir y
avoir égard; mais sa hauteur doit servir dans ce
cas; or, un édifice pour être bien vu dans toute sa
hauteur exige que l'observateur se place à environ
deux fois cette hauteur, et même plus loin, ce sera
donc la limite inférieure à donner à cette place. A
cette distance une droite parallèle à la façade et au
niveau du sol de l'édifice sera le lieu où l'œil de
l'observateur sera bien placé pour juger de l'aspect
du monument. Si l'œil est au niveau de la base de
l'édifice, cela nécessite que le sol où sont les pieds
de l'observateur soit, dans ce lieu, de 1^m et demi
à 2^m plus bas que celui de la base de l'édifice.

Cette droite étant ainsi déterminée, l'architecte
fera bien de construire la perspective plane de cette
façade, pour plusieurs points de cette droite. Il

s'apercevra par là du mauvais effet que peuvent produire des bâtiments formant de très-grandes saillies, il jugera si les galeries saillantes sont à éviter ; ainsi la nouvelle mairie du 4ᵐᵉ arrondissement, près l'église Saint-Germain-l'Auxerois, présente un porche avec galerie supérieure, laquelle, quoique d'une forme irréprochable, cache au 3/4 une rangée de fenêtres, ce qui est d'un très-mauvais effet.

Devant une façade, il ne faut point établir des statues, des grands vases, des fontaines élevées qui, s'interposant entre l'œil et cette façade, sont défavorables à son apparence.

Si l'on doit établir devant un édifice, une grille, qu'elle soit la plus légère possible, de la couleur de la pierre, et surtout sans ornements brillants comme est l'or ; il faut que loin d'en faire un ornements elle soit dissimulée le plus possible.

Lorsqu'on se décide à mettre un jardin devant un monument, il faut qu'il ne soit composé que de pelouses et de fleurs qui, par le contraste de couleur font valoir la façade ; on doit éviter les arbustes qui bientôt deviennent des arbres et cachent le monument. Si cependant on est obligé d'y mettre des arbres, qu'ils soient largement espacés, de manière à ne pas être privé de voir la façade. Les arbres de la Bourse, s'ils réussissent, cacheront dans peu d'années entièrement ce monument. C'est une erreur de les avoir pris si grands.

Eviter encore de joindre à un édifice toute construction composée de lignes architecturales qui ne seraient pas parallèles à celles de l'édifice principal, par exemple, des entrées sur les angles, comme cela se voit sur le bâtiment en pierres des Halles centrales, qui est condamné à être démoli.

Les perspectives particulières indiquées ci-dessus feront sentir vivement les défauts de ce que nous venons d'indiquer.

Si la vue de l'édifice peut se prolonger très-loin, on fera bien d'établir alors de longues avenues d'arbres, en les terminant en avant de l'édifice, à une distance au moins égale à deux ou trois fois sa hauteur.

Les architectes objecteront qu'il n'est pas toujours possible de satisfaire à ces règles, parce qu'il y a des exigences extérieures et intérieures à satisfaire, des localités, des terrains qu'on ne peut modifier. Je n'ai rien à répondre à l'impossible; il faut laisser passer l'utile avant l'agréable, mais je pense qu'il est peu de circonstances où l'on ne puisse, par un

judicieux emploi des règles ci-dessus, arriver à
modifier heureusement l'apparence d'un édifice.

Des places publiques.

Il nous reste à émettre quelques idées sur la décoration d'une place publique.

Une place est une étendue de terrains limitée par
des bâtiments ou des arbres. La hauteur des bâtiments doit être proportionnelle à la largeur de la
place. Nous avons dit qu'un bâtiment doit avoir
devant lui un espace libre égal en profondeur à
au moins deux fois sa hauteur; il en résulte que
réciproquement, un bâtiment qui décore un côté
d'une place rectangulaire devrait avoir pour hauteur, la moitié de sa demi-largeur, afin que chaque
façade fût vue du centre de la place sous l'aspect le
plus favorable. Il n'est pas toujours facile de satisfaire exactement et même approximativement à ces
conditions; l'étendue d'une place résulte de circonstances diverses et la hauteur de nos maisons ne
peut dépasser une certaine grandeur. Lorsqu'une
place est entourée de bâtiments plus élevés que
ceux indiqués ci-dessus, elle devient une cour, par
exemple celle du Louvre; ¡lorsqu'au contraire,

cette hauteur est beaucoup plus petite, elle devient un champ, tel est le Champ-de-Mars. Dans tous les cas, si on veut augmenter l'apparence des façades, on doit établir le sol de la manière suivante : d'abord entre deux façades parallèles et de même hauteur, il doit y avoir une droite à égale distance des deux façades et vers laquelle s'incline également le sol. Cette droite servira pour l'écoulement des eaux qui, des bâtiments, s'y rendront par suite de la pente du sol. S'il y a quatre bâtiments comme dans la cour du Louvre, ce centre sera de même le point le plus bas du sol et vers lequel s'écoulera de même les eaux qui là, doivent rencontrer un égoût pour être conduites à la rivière.

Le cintre d'une cour doit toujours être libre, sans statues, ni construction analogue ; on ne doit pas en établir non plus dans d'autres partie de cette cour. Dans les grandes places, au centre, se construit souvent un piédestal supportant une statue, ou un obélisque. Ceci rétrécit quelquefois l'étendue de la place, et a l'inconvénient grave de nuire à l'aspect des bâtiments qui peuvent se trouver sur les avenues qui se rencontrent en ce point ; ainsi sur la place de la Concorde, les deux fontaines et l'Obélisque nuisent à l'aspect des monuments de la

Madeleine et de la Chambre des Députés. L'arc-de-Triomphe offrait un aspect fort agréable, non-seulement de la place, mais encore du jardin et du château des Tuileries; l'interposition de l'Obélisque nuit à cet effet. Ainsi, en général, le centre d'une place doit être libre, de manière à ce qu'on puisse de là apercevoir les édifices qui la limitent, depuis leur base jusqu'à leur sommet.

Si l'on voulait décorer la place de la Concorde d'après les principes ci-dessus, voici ce qu'il faudrait faire.

1° Supprimer les garde-fous des anciens fossés, qui n'ont aucune raison d'être et qui ne font que masquer le pied des édifices qui entourent la place.

2° Reporter les grandes statues et leurs piédestaux à l'alignement des Champs-Elysées et des Tuileries, de manière à se détacher sur des masses de verdure; où elles sont placées, elles se projettent d'une manière défavorable sur les bâtiments du Nord. Il faudrait alors transporter ailleurs les statues actuelles qui sont à l'entrée des Tuileries et des Champs-Elysées; elles ne sont pas de même grandeur que les premières.

Supprimer ou remplacer par un bassin l'Obélisque qui est à son centre. Supprimer les deux fontaines et les remplacer, si on trouvait la place trop grande, par quatre autres placées dans les angles.

A partir des quatre façades, faire le sol légèrement incliné vers le centre qui serait le point le plus bas. Si on croit convenable de laisser au centre l'Obélisque qui est la construction qui, par son peu de largeur, masque le moins ; il faudrait le placer un peu plus haut, de sorte que de son pied, dans toutes les directions, le sol fut incliné, jusqu'à la rencontre de celui qui vient des façades et qui formerait un ruisseau pour l'écoulement des eaux.

La décoration actuelle a pour résultat de faire paraître la place plus petite qu'elle n'est réellement, en la meublant comme un appartement. Les fontaines placées au quatre angles auraient le même résaltat sans nuire à l'aspect des édifices.

Si l'on veut rendre la place plus grande, il faut rendre les candelâbres les plus simples possibles, sans ornements, de manière à les dissimuler et ne les conserver que comme une nécessité. Les rendre brillants, dorés, etc., ce serait produire un effet inverse.

Des décorations des parcs et jardins.

Une dernière application de la perspective-relief est celle qu'on peut en faire à la décoration des parcs et jardins.

Le but principal que se propose un architecte chargé de dessiner un parc ou jardin, c'est de plaire à la vue; il doit donc, par conséquent, se conformer aux préceptes indiqués ci-dessus, de la science des apparences.

On distingue deux tracés différents des parcs et jardins : 1° celui qu'on peut appeler classique et auquel on a donné le nom de genre français, et 2° celui que par opposition on pouvait appeler romantique et qu'on désigne sous le nom de genre anglais. Le premier se distingue par l'ordre, la régularité, la symétrie; on y emploie, presque exclusivement, la ligne droite et le cercle. Le second au contraire se propose une imitation de la nature dans ses irrégularités. Ainsi, la ligne droite et les courbes régulières en sont presqu'exclusivement bannies.

Le genre français a été beaucoup en faveur dans le siècle dernier, et surtout pendant le dix-septième siècle. C'est en partie au célèbre architecte Lenôtre

que l'on doit son introduction en France; c'est lui
qui a dirigé la construction des jardins de Versailles,
des Tuileries, de Clagny, de Chantilly, de Saint-
Cloud, de Meudon, de Sceaux, de Saint-Germain,
de Fontainebleau. On reproche à ce genre une mo-
notonie ennuyeuse; cependant, par ce qui reste des
travaux de Lenôtre, on peut reconnaître que ce
genre offre des beautés particulières, qui exigeaient
de la part de l'architecte, une entente parfaite des
principes énoncés dans la science des apparences.

Le genre anglais tire son origine, comme l'indique son nom, de l'Angleterre où se trouvent de
très-grandes propriétés, qui en offrent de très-beaux
exemples; il présente certainement plus de variété
que le genre français, mais il demande de vastes
terrains, si l'on ne veut pas tomber dans une affé-
terie quelquefois ridicule. On peut y employer dans
de larges proportions la science de la perspective-
relief, pour y produire des illusions diverses.

Examinons d'abord le genre français. Si l'on
veut avoir égard aux principes des apparences, voici
comment on peut s'y prendre.

La première chose à considérer c'est l'emplacement du bâtiment principal servant d'habitation,
ce qu'on appelle ordinairement un château. On doit

avoir d'abord égard dans ce choix à l'exposition, à la salubrité, puis ensuite à l'apparence qu'on veut lui donner; à cet effet on choisit un sol légèrement plus élevé que les environs. Un château est ordinairement précédé d'une grande cour fermée par une grille à laquelle aboutit une ou plusieurs grandes avenues, plantées de grands arbres, par lesquelles on arrive. Les bâtiments de service sont relégués sur les côtés de la cour, où ils sont quelquefois dissimulés par des arbres ou des charmilles.

Du côté du jardin, le sol doit présenter une pente légère et continue à partir du pied de l'édifice jusqu'à une distance très-grande. Ce vaste terrain, sans arbres ni bâtiment, doit être ainsi divisé : D'abord le long du château doit se trouver un large trottoir, ou mieux une terrasse un peu plus élevée que le sol environnant et servant à élever l'édifice au-dessus du sol. A une certaine distance et parallèlement au château, se trace la droite où commence véritablement le jardin. En face du milieu du château on doit tracer d'abord une avenue principale qui se prolonge, s'il est possible, au-delà du parc, comme par exemple aux Tuileries, cette admirable avenue qui va jusqu'à l'Arc-de-l'Etoile. Le terrain que nous avons dit devoir exister devant un château, se partage régulièrement en rectangles dont les côtés sont les uns parallèles et les autres perpendiculaires au château ; le tout distribué symétriquement relativement à l'axe de l'avenue principale. On peut encore concevoir quelques divisions transversales. Suivant les diagonales, ces divisions indiquent des celliers et les rectangles sont des parterres de fleurs ou des pelouses. On peut orner ce jardin de bassins et de jets d'eau placés aux intersections de ces allées, et y placer des statues, mais à une distance du château assez grande pour qu'elles ne nuisent pas à l'apparence de la façade.

Au-delà de ce terrain où rien ne gêne la vue du château, commencent les massifs d'arbres ; ils sont de deux espèces : les arbres de hautes futaies, sous lesquels on peut se promener, et les taillis formant des fourrés impénétrables. C'est dans cette partie que l'on construit des labyrinthes, des ronds de verdure, des surprises diverses, comme cela existe aux jardins de Versailles.

Cette partie boisée est partagée par de longues avenues dont une partie est dirigée sur le milieu du château ; les autres transversales conduisent à des points dont la vue s'étend sur la campagne et sur les sites environnants. Aux intersections de ces avenues se font des ronds-points circulaires, au centre desquels se place une statue, un petit monument, ou dans les grands parcs des potaux indicateurs. Ce sont les dimensions à donner à l'ensemble et aux détails qui constituent le talent de l'architecte.

Tel est, à peu près, l'ensemble d'un jardin construit dans le genre français; on voit que les illusions sont renfermées dans d'étroites limites et tiennent à l'application de quelques principes des apparences.

Dans ce genre de tracé la perspective peut cependant être quelquefois appelée à agrandir le champ des illusions.

Dans un terrain où doit être tracé un jardin, il peut se rencontrer un bâtiment qui vienne interrompre le prolongement d'une avenue. Dans ce cas il est facile de peindre sur ce mur, le prolongement de l'avenue, de manière à produire une illusion complète, on en voit un bel exemple au jardin Mabille à Paris. Pour arriver à cette illusion on remarquera le soin avec lequel on a dissimulé le faîte du mur, par les feuillages des arbres envi-

ronnants, se reliant avec d'autres peints, de
sorte que le ciel qui est représenté sur le mur
ne se trouve pas en comparaison immédiate
avec celui de la nature. Une autre précaution est
d'avoir dégagé ce mur de l'ombre des arbres environnants, de sorte que sa surface sort vivement
éclairée par la lumière atmosphérique.

Cette méthode d'employer la peinture pour augmenter la longueur d'une avenue, ou dissimuler
l'aspect de vilains murs qu'on ne peut détruire,
n'est pas nouvelle et trouve bien souvent son application ; mais elle a un inconvénient très-grand,
c'est que les résultats soumis à la pluie, au soleil,
aux gelées, se détériorent rapidement, de sorte
qu'il faut recommencer tous les ans.

On peut dans quelques circonstances, au lieu de
la perspective-plane, employer de la manière suivante la perspective-relief, pour faire paraître une
avenue plus longue qu'elle n'est réellement.

Admettons qu'on ait un sol s'élevant légèrement
d'un point vers un centre où l'on veut établir une
statue, un petit monument dont on veut augmenter
l'apparence pour le premier point, considéré comme
étant le lieu de l'observateur. On peut d'abord, et

à peu de frais, avec des terres rapportées, augmenter la hauteur du sommet et élever pendant quelques mètres seulement la partie du sol qui y aboutit. Menons ensuite par l'œil de l'observateur et par le centre du monument, une droite, que nous regarderons comme l'axe d'une avenue. Si par cet axe et par deux points pris à droite et à gauche de l'observateur et formant la largeur de l'avenue à construire, on mène deux plans, ils traceront, sur le sol, deux lignes droites, ou courbes, qui seront les perspectives-reliefs des deux côtés d'une avenue tracée sur un plan parallèle à l'axe. Plaçant le long de ces traces des bordures, des arbustes, des arbres, on aura l'apparence d'une avenue plus longue qu'elle n'est réellement, de sorte que le monument placé à son extrémité paraissant situé plus loin qu'il n'est, semblera plus grand.

La perspective-relief peut être employée avec avantage dans plusieurs circonstances analogues; mais c'est principalement dans le tracé des jardins anglais qu'elle peut recevoir des applications nombreuses.

Dans un jardin anglais, on se propose d'imiter la nature; or, il existe de ces sites admirables où tout

semble se réunir pour enchanter la vue; des lointains magiques, des sommets de montagnes terminés par des masses de rochers aux formes pittoresques, ou sur lesquels on aperçoit des ruines;
plus près, des fabriques, des massifs d'arbres
entremêlés de bâtiments rustiques, des pelouses,
des ruisseaux, des chutes d'eau, des grottes, etc.
Ce qu'on se propose dans un jardin anglais est
donc d'imiter la nature dans des proportions dépendantes du terrain dont on dispose de la dé-
pense qu'on peut y consacrer.

Dans ce genre de jardin, la raideur des lignes
droites est proscrite; tous les chemins prennent des
formes courbes gracieuses; il en est de même du sol
dans ses ondulations en profitant de tous les accidents pour embellir la propriété; le sol est couvert
de pelouses sur lesquelles se détachent des massifs
d'arbres. Le talent de l'architecte consiste à savoir
distribuer ces massifs de la manière la plus convenable, pour faire paraître la propriété plus grande
qu'elle n'est réellement; pour ménager entre eux
de jolis points de vue, soit sur des objets éloignés,
soit sur des constructions dépendant de la propriété;
à produire des effets de lumière par les teintes et
couleurs des arbres qui composent les massifs. Dans

ce genre, on ne tient pas, comme dans l'autre, à faire valoir les bâtiments en les plaçant dans la position indiquée par les lois des apparences. On cherche au contraire à les marier avec la verdure, de manière à les faire entrevoir plutôt que voir, laissant ainsi à l'imagination le soin de suppléer avantageusement à ce qu'on n'aperçoit pas; on cherche à les placer dans des positions pittoresques, extraordinaires, comme cela se rencontre dans la nature; ce n'est pas toujours beau, mais cela étonne, cela plaît. On cherche enfin, par tous les moyens possibles, à produire à chaque pas des surprises nouvelles, par des rencontres de rochers, de cascades, de fabriques rustiques ou autres; on sent alors qu'un simple arbre bien placé, d'une forme pittoresque, une masse de rochers, un ruisseau, peuvent figurer très-agréablement.

Comme il s'agit souvent d'imiter dans un espace restreint, un objet vu, dans la nature, dans de plus grandes dimensions, on voit qu'on est obligé d'avoir recours à la perspective-relief, si on veut conserver la même apparence. Le talent consistera à savoir approprier, par des modifications convenables, le terrain donné, au sujet qu'on veut représenter. Ce que nous avons dit au sujet des décorations théâ-

trales peut ici recevoir des applications nombreuses.

Pour entrer plus avant dans ce sujet, il faudrait
connaître maintenant le sujet et le terrain sur lequel on doit opérer.

Un architecte de jardin, pour bien réussir, doit
posséder des connaissances très-variées. Il doit
avoir visité les beaux sites qui sont fréquentés par
les amateurs; il doit connaître les beaux jardins
construits en ce genre, en France et à l'étranger, il
saura déjà par là ce qu'il peut faire. Il doit être
versé dans l'art des constructions pittoresques;
dans l'emploi des matériaux propres à faire des
grottes, des masses de rochers; il doit connaître les
principes de l'écoulement des eaux pour faire des
cascades, des ruisseaux. Enfin il doit avoir une
entente très-grande des effets d'ombre et de lumière, de manière à pouvoir les employer suivant
les circonstances, etc.

Lorsqu'il aura bien conçu son sujet, il tâchera de
l'approprier au terrain de la manière la plus convenable, et pour cela il empruntera à la science de
la perspective-relief les moyens d'exécution. Il y
aura ensuite, comme pour le peintre dans un ta-

bleau, le sculpteur dans l'exécution d'un bas-relief, un instant où le reste est laissé au goût de l'artiste, la science ne pouvant pas le suivre dans les détails d'exécution.

FIN.

TABLE DES MATIÈRES.

—

TABLE DES MATIÈRES.

—

www.ingramcontent.com/pod-product-compliance
Lightning Source LLC
Chambersburg PA
CBHW070248200326
41518CB00010B/1734